好的人生上不封顶

郑和生　编著

民主与建设出版社
·北京·

©民主与建设出版社，2024

图书在版编目(CIP)数据

好的人生，上不封顶 / 郑和生编著. -- 北京：民主与建设
出版社，2018.10 （2024.6重印）
ISBN 978-7-5139-1911-1

Ⅰ.①好… Ⅱ.①郑… Ⅲ.①成功心理－通俗读物
Ⅳ.①B848.4-49

中国版本图书馆CIP数据核字（2018）第012825号

好的人生，上不封顶

HAO DE RENSHENG，SHANG BU FENGDING

著　　者	郑和生	
责任编辑	刘　艳	
出版发行	民主与建设出版社有限责任公司	
电　　话	（010）59417747　59419778	
社　　址	北京市海淀区西三环中路10号望海楼E座7层	
邮　　编	100142	
印　　刷	三河市同力彩印有限公司	
版　　次	2019年2月第1版	
印　　次	2024年6月第2次印刷	
开　　本	880mm×1230mm　　1/32	
印　　张	6	
字　　数	180千字	
书　　号	ISBN 978-7-5139-1911-1	
定　　价	48.00 元	

注：如有印、装质量问题，请与出版社联系。

CONTENTS 目录

CHAPTER *03*
抱怨是没有任何意义的

CHAPTER *04*

不要被短板拖住步伐

CHAPTER *05*

好的人生，上不封顶

CHAPTER _01

人生的关键
不在起点

如果你不能飞，那就奔跑；

如果不能奔跑，那就行走；

如果不能行走，那就爬行；

但无论你做什么，都要保持前行的方向。

你人生的起点并不是那么重要，

重要的是你最后抵达了哪里。

"人放错了地方就是垃圾"。这句话倒过来考虑，就是如果你现在感觉你的处境很垃圾，不妨换换自己的生活环境、工作环境，这样或许就会有一片新天地。这就是人们常说的"树挪死，人挪活"。

别把自己放错了地方又抱怨自己怀才不遇

俗话说，是金子在哪里都会闪光。果真如此吗？非也。是骏马，就要到草原上驰骋；是雄鹰，就要去搏击长空。

只有人尽其才物尽其用，才能真正发挥其应有的作用，实现自身的价值。在生活中，每个人都要尽可能地找准自己的位置。很多人抱怨自己怀才不遇，其实是你被放错了地方。

人一旦被放错了地方，就是垃圾。这里垃圾的意思，不是说你一钱不值，而是说你的境地压根就无关你的才能。你纵有惊人的武功，但无用武之地，是"锅台上跑马，兜不了多大圈子"。

记得上大学的时候，有一年暑假，在农村老家参加劳动，活儿干得笨拙而生疏，远不及村里的一个小孩，本家一个老兄就笑话我："哼，你还是大学生呢！"我虽然很无奈尴尬，但人家说的是实情。

前段时间，北京大学女研究生苏黎杰做了个油漆工，她的油漆技术的起点和小学没毕业也干这个活儿的人是一样的。干的活儿无关学历高低。那个华中师大人类性学专业全国第三个性学硕士研究生彭露露，虽然"一般一般，全国第三"，因为没有用人之处，和小学没毕业的人一样找不到工作。

身在教育，说说教育。现在的中小学学校里，尤其是农村，有一种错误倾向，当然或者是出于无奈，就是在安排教师任课上存在一种浪费人才的随意性。一个教师，本来他的专业是中文，偏偏让他教政治；有的老师本来专业是数学，偏偏让他教化学；等等。这样安排工作，不利于教师的专业发展，到头来也不利于孩子的学习。没学这个专业，偏偏要教这个专业，教师就会教得吃力而且没有深度，以己昏昏，难以使人昭昭。而孩子学的就往往是课本上的东西，知识没有得到拓展。要给孩子一杯水，老师有一碗水、一桶水、一池水的效果是不一样的。

一个人找不到自己的位置，这正如：

你是一只兔子，却在游泳队任职。

你是一只乌龟，却在长跑队工作。

这是让曹操的旱鸭子部队去打水战，是让大宋的步兵去和边疆的游牧部落对抗骑射，是让大学教授教育幼儿园的幼儿，是让高射炮轰打蚊子，是让扶不起来的阿斗治理国家，是让鱼目做珍珠，是让大钞做手纸。

一场大水后，只有两个人得以幸存。他们在洪水到来前的最后一刻，爬上了最高的一棵树。甲逃难时带走了家里的干粮，乙带走了家里的金元宝。后来，乙饿死了，甲坚持到最后，捡起元宝返回地面。

在一定的处境下，窝头比元宝更金贵。

在某种情况下，你纵是一大块金子，就是自身再努力，也白费，你也逃脱不了成为垃圾的命运，难以逃脱注定出局的结局。

明朝冯梦龙在《古今谭概》中提道："龙居浅水遭虾戏，虎落平阳被犬欺。"又有俗话云："落毛的凤凰不如鸡。"事实就是如此。看现实生活中，多少干部在任时，有着雄才大略的英武，调兵遣将，指挥若定，运筹帷幄之中，决胜千里之外，一旦退居二线，面容也萎缩了，行动也迟缓了，提着笼子架着鸟，马路之上靠边站。不是他没有才华了，而是没有施展的地方了。

人得其所，这是人生的关键。

刘备算得上是《三国演义》中的英雄，有用武之义，有用武之气，有用武之才，但无用武之地，正是诸葛亮的隆中对策，指出了以西川为用武之地的策略，从此让刘备一步一步壮大起来。再退一步讲，如果刘备安于"贩履织席为业",张飞安于"卖酒屠猪",关羽安于推车挑担,没有结义后以天下为自己用武之地的抱负,也就没有这段波澜壮阔的三国历史了。

现在很多地方热衷于会展经济,官方常用的话语就是"文化搭台,经济唱戏"。台,就是平台,就是媒介,就是用武之地。台是形式,但没有这个形式,就不能达到"唱戏"的目的。

何谓明智?知人者明,自知者智。正如真理和谬误只有一步之遥一样,天才和垃圾也是一步之遥。每个人,在有了知识和技能储备以后,下一步就是找到自己的位置,找对了位置就是天才,找不对地方就只能如同垃圾。聂卫平下棋很厉害,但比长跑可能还不如我们。刘翔跑得很快,下棋水平可能比我们差远了。孙杨别看游泳是好手,比赛写稿子,很可能跟我们差一大截。但他们三个人,都是世界冠军,是因为他们找到了自己的位置,然后在这个位置上付出了自己不懈的努力。

说到这里,又想起唐代韩愈的《马说》了,"千里马常有,而伯乐不常有。故虽有名马,祗辱于奴隶人之手,骈死于槽枥之间,不以千里称也"。你纵是一匹千里马,但是你的处境是"槽枥之间",而不是任你驰骋的疆场,那么你就只能是"辱于奴隶人之手,骈死于槽枥之间"的结局了。

找准位置,你就是一条龙。

找不准位置,你就是一条虫。

当然,要先成为千里马,然后再去找属于你自己的"位置"。

人怕入错行。现在的大学生,考入大学读书,一定要选择自己喜欢的、适合自己的专业,然后学深、学透、学精。参加工作,要力争做到专业对口,这样才距离做出成绩的目标不再遥远。

有个"漂母饭信"的故事,在这里提一提。韩信年轻时,家里很穷,经常蹭饭吃。有很多妇女在河边漂洗衣服,有位老大娘看见韩信饿了,就匀出自己的饭给韩信吃。韩信感激地对这位老大娘说:"达志以后,一定要重重地报答您老人家!"谁知这位老人非常生气:"你作为男子汉,居然不能养活自己!我是看着你可怜才给你饭吃的,谁指望你报答啊?"这位连自己都养活不了的韩信，却有着杰出的军事才能，"韩信将兵，多多益善"。找对了处所，就是一个将军；找不对处所，就是一个流浪汉。

如果刨除有意而为的因素，姜子牙如果遇不到文王，或许以后只能是一个垂钓的隐士。同样，如果刘备一顾茅庐就摔门离去，或许诸葛亮以后就真的做一辈子布衣而"躬耕于南阳"了。

是一匹骏马，就不要局限在锅台上慢跑，而要到广阔的草原上驰骋。

是一只雄鹰，就不要习惯在檐下低徊，而要去搏击长天。

"人放错了地方就是垃圾"。这句话倒过来考虑，就是如果你现在感觉你的处境很垃圾，不妨换换自己的生活环境、工作环境，这样或许就会有一片新天地。这就是人们常说的"树挪死，人挪活"。当年的著名吕剧表演艺术家郎咸芬，就是因为处处受排挤，一怒之下，"逝将去汝，适彼乐土。乐土乐土，爰得我所"，离开了剧团，来到了省城济南发展。"此处不留我，自有留我处"，找到了自己的用武之地后，她很快成为全国著名的吕剧表演艺术家。其代表作吕剧《李二嫂改嫁》，引起全国轰动。

有了自身的才干，然后找准自己的位置，这是走向成功的前提。

你是你，已不是最初的你！你是你，也不是昨天的你！奔波于来去的岁月和一站又一站的旅途，在前行与奋进中，只要反观自心、自净其意，就定了、静了、安了，不论在多么偏远的地方行走，都能无虑而有得。每天的睡去，是旅程的一个终点；每天的醒来，是旅程的一个起点。

别觉得有些人成绩那么好不公平，有时候真的是他们的努力你做不到。别觉得有些人可以没压力不公平，他们就是敢不在乎高考而你做不到。别觉得自己也很努力为什么没有什么成效，方法、天分、感觉、心情每个因素都很重要。

不要让你的勤奋只是无用功

[一个普通"勤奋者"的模糊肖像]

如果你足够勤奋，你多半会按照被这个时代所鼓励的方式去生活——热爱学习，拥抱变化，走在快速成长的风口上，或者至少你是这么认为的。

首先，你会耳濡目染相当数量的缺乏实现路径的励志故事，相信天道必然酬勤，在地铁上也不忘用一本《创业维艰》或者《穷爸爸富爸爸》来配合自己的定位。

然后，你对潮流的走向也相当地敏锐，《罗辑思维》的语音一天不落，忙于穿梭于各互联网创业训练营，一言不合就用微信来扫一扫，自以为与各种大咖建立了连接。

当然，作为崛起的中产阶级一分子，你对于旅游也持有支持的态度，说走就走的事情也不是没干过，体验不同的生活毕竟是一个很文艺的说辞。

然而下面往往才是重点——用美颜相机精心地采集好你"生活在别

处"的证据，通过朋友圈被选择性地展示出来，并满怀期待地等待32个赞。

可是问题是：做完了以上所有的事，你会如愿得到你想要的结果吗？或者你认真考虑过结果吗？

是的，这才是问题的关键所在——我们讨论的绝不是"勤奋的姿势"，而是"勤奋所带来的结果"。

［表演"勤奋"，还是想把事情搞定］

大概很少有人会拒绝"成功来自勤奋"这种说法。

就像大多数拥有梦想的人一样，说不定凌晨4点，你就踏上了一天的征途，去迎接一整天的忙忙碌碌和东奔西走，好不容易处理好一天的工作，顾不上身体被掏空，又赶着最后一班地铁回家。

我相信，你这么日复一日地努力，无非想结果更好一些，离成功更近一点。不过令人遗憾的是，时间不仁，以万物为刍狗，不舍昼夜地消逝。

不经意间小半年过去了，接着一年又没了，直到你盘点收获时，才尴尬地发现以下事实：

1. 之前计划好的雅思考试没有准备好，只得弃考或者硬着头皮裸考，导致无法出国。

2. 一直想提高的演讲和写作技能也没多大长进，所以那次难得的公众表达机会就这么白白溜走。

3. 你一直期待的"减肥成功后，自信满满地向女神大胆表白"这样的美好画面也没有出现，原因想必大家都了解。

这所有的一切，都与你制定目标时的雄心壮志相去甚远，压迫着你的神经，以至于你会显得愤愤不平：我投入了这么多时间，却没有收到预期的回报，实在是不公平！

事实上你只是在表演勤奋而已，这种看似勤奋的行为实质上是一个人"思维懒惰"的保护色。

用一句流传甚广的话来概括：这根本是在用战术上的勤奋来掩盖战略上的懒惰。

还是结合文章开头的场景来谈：

你听完《罗辑思维》的语音后，一时心血来潮买了很多书，却从来不看。不难理解，毕竟买书的行为容易，看书则要困难得多。

而更加困难的是，你完全没有思考过你应该系统地读哪些书来更好地解决你的实际问题，哪些书对你的帮助最大。

你下了血本，花了几千块钱去听风头正劲的某大咖演讲，哪怕他标价38元的书里所阐述的思想完全一样——这也好理解，毕竟听演讲这个行为有档次又轻松，况且还可以结识大咖。

而相对让人不那么愉悦的还是埋头看书这件事，至于能否结识大咖，我认为唯一靠谱的判断标准就是你自己是不是大咖，但是思维懒惰者总会有自欺欺人的理由。

至于"旅游去体验生活"这件事，我很认同其价值，不过我认为其美好特质依然与思维懒惰者无缘。

我问过好多朋友：你旅行的目的是什么？令我吃惊的是，虽然答案五花八门，但是没有几个人能真正说出一个让他们自己满意的答案。

当然，有一个女生想得比较清楚，她认为"旅行是一种让自己从例行公事般的日常脱离，去体验另一种生活的机会"。

也许正是她的这种认真思考所带来的对于旅行的认同感，让她分外珍惜每次旅行的机会——往返机票和住宿的预订、装备行李的配置以及记录心情的旅行札记——无一例外地精心规划。

我几乎能想象出这种积极的准备态度会让她拥有怎样高品质的旅行经历。

以上行为的价值有高有低，但毫无例外，你很有可能就选择了价值更低的那种。

在此声明，虽然我用的代词是"你"，实际上也包括"我"，这是我们每个人的思维倾向。事实上，一旦我们选择了"思维懒惰"，我们也就选择了做一名"低品质勤奋者",同时也就选择了低价值的行为和由此而来的低价值结果。

到这里,我有了这么个初步结论:"思维懒惰"所带来的"低认知水平"才是"低品质勤奋者"产生的原因。

不过依然困扰着我的是:费这么大劲,苦也没少吃,福却没多享。从经济学角度看,"低品质勤奋者"的勤奋行为性价比极低,完全不具备投资价值,那为什么包括自己在内的这么多人还乐此不疲地投入其中呢?

[多数人为了逃避真正的思考,愿意做任何事情]

我第一次看到这句话时愣了半天,我想如果你初次看到这句话,并且足够用心,多半也会被震撼。

这句话的力量在于它放弃了自我欺骗,毫不留情地拒绝了任何寻找借口的可能。所以,经济学上解释不通的事情,就这样在心理学上找到了突破口。

人是趋利避害的动物,在进化史上相当长的时间内,人类都没有被赋予过多深度思考的任务,原因很简单,光是应激反应就足以解决掉过去95%以上的问题了。

但是让基因万万没想到的是,人类的进化速度竟然如此之快!

让我们从远古穿越到现在,目力所及,现在的社会究竟是什么样的存在?变化,急剧的变化,非常急剧的变化!

事实上,变化早已经成为我们彼此心知肚明的共识,这种越来越快的变化所导致的一个直接结果就是信息的指数级发展,从信息的承载方式上亦可见一斑——从甲骨、竹简、羊皮卷、印刷纸,一直到理论上无限大的虚拟存储空间。

面对这种信息疯狂蔓延所引发的知识大潮,每个人可怜的认知能力显得是那样微不足道。认知能力取代了知识信息储备成为更为稀缺的资源,构建起人与人之间新的壁垒。

如果此时还顺从顽固不化的基因，继续让思维懒惰下去，避免深度思考，会导致什么结果？

我想结果大概也很容易预测——我们将无法享受到知识增长和环境改变所带来的好处，甚至被淹没在信息大潮之中，焦虑无助，不知所措。

有句话说得好：如果想得到与过去不同的结果，就必须做一些与过去不同的事情。而这些不同首先要体现在认知层面。

["深度思考"才能带来"认知升级"，
从而成为"高品质勤奋者"]

谈到"深度思考"，爱因斯坦说过这么一段话，让我印象深刻："如果给我1个小时解答一道决定我生死的问题，我会花55分钟来弄清楚这道题到底是在问什么。一旦清楚了它到底在问什么，剩下的5分钟足够回答这个问题。"

死生，人之大矣。这段话用事关生死的极端描述强调了"深度思考"的重要性，很有说服力。

我们都知道《孙子兵法》，在这部被誉为"兵学圣典"一书的"军行篇"中有这么一句：胜兵先胜而后求战，败兵先战而后求胜。

意思是说，在两军短兵相接之前，就要做好充分的准备。

努力收集一切渠道的信息，充分评估当下态势，殚精竭虑地思考己方一切的隐患和可能发生的问题，然后在脑海里推测、模拟战争可能的走势，利用现存资源来精心筹划出解决方案。

等到这所有工作都就绪，双方真正踏上战场的时候，才能将一切了然于心而胸有成竹，这场仗才会有胜算。

由此可见，对于精心准备的一方，战争的大部分工作在战前就在深度思考的头脑里完成了，上战场打仗只不过是一个例行公事般的存在，胜负的天平早已倾斜。

写到这里，我基本上也理清了自己的思路：勤奋很重要，怎么强调都不为过，它是优秀结果的必要非充分条件。

那么如何让它变得充分必要？我给出的答案是——拒绝思维懒惰，习惯深度思考，提升自己的认知水平。

如何深度思考？我觉得每个人都应该尝试着给出自己的答案。

希望每一位真正勤奋的人都能撕掉"低品质"的标签，过上配得上你努力程度的高品质生活。

如果肯吃苦就能获得成功，那么最有钱的应是农民和农民工；如果努力就可以获得成功，那么满大街的打工者都是成功的人。想成功要先选对方向，找对平台，跟对人，在正确的时间做正确的事，再加上努力才会成功！选择比努力重要，眼光比能力重要，突破比苦干重要，改变比勤奋重要，态度比专业重要！

如果老天善待你，给了你优越的生活，请不要收敛了自己的斗志；如果老天对你百般设障，更请不要磨灭了信心和奋斗的勇气。当你想要放弃时，一定要想想那些睡得比你晚、起得比你早、跑得比你卖力、天赋还比你高的牛人，他们早已在晨光中跑向那个你永远只能眺望的远方。

哪来那么多天赋支撑你
不用努力就能好好过一生

高小玲高中的时候成绩并不算太好，虽说考个二本院校绰绰有余，但是要想考重点大学，还是相差甚远。

高三那年，很多和高小玲成绩不相上下的同学为了考上更好的学校，纷纷想出了通过参加专业考试来提高自己上名校的概率这个办法。

记得我上高中那时候，编导专业是十分好考的，培训费和去各个高校考试的费用加起来不超过3000元，而且通过率奇高。当时我们班上有4个学生去参加编导考试，每个同学都考过了，几乎平均被3所以上的"211"大学录取。如此一来，只要高考成绩不太差，就都能轻而易举地上一所在我们当地还不错的学校。

我原本以为，高小玲会和其他同学一样，选择困难程度低而且通过率很高的编导专业。但是我没想到，高小玲来了一句："我根本不知道编导是干什么的，我也不喜欢这个专业，我的梦想是当一个音乐老师，所以我想考音乐专业。"其实，当时音乐特长生已经是一个庞大的群体，很多家境还不错的学生都会通过音乐或者舞蹈这样的专业去选择一所好大学。所以，对于没有参加过任何音乐培训的高小玲来说，当她做出这个决定的时候，就仿佛已被大家看到了失败的结局。

从日常的相处中，我们都不难看出，高小玲确实是一个爱唱歌的姑娘，因为每当下课的时候，就会听到她哼着小曲儿，捧着和音乐相关的书籍像模像样地看。但是谁都知道，考试不能单靠兴趣和喜好，必须经过正规的培训，才能在济济人潮中有脱颖而出的可能。毕竟会唱歌的人太多了，而并不是每个会唱歌的人都能考上音乐专业。

高小玲家境并不殷实，但是在做了这个决定之后，她父母还是决定放手一搏。他们给了她一个学期的时间，让她和其他的音乐特长生一起上课，一起复习。

记得有次语文课，老师可能是看到课堂气氛太闷，随口说了句："高小玲，来，唱首歌给大伙儿解解闷儿！"

当高小玲站起来张嘴的那一瞬间，我突然感觉自己好像听觉出了问题。她的声音，她的表情，以及她眼中闪动的光，让我在那一瞬间竟然有种莫名的感动。时隔这么多年，我已经不记得当年她唱了一首什么歌，但是旋律现在想起来还依旧萦绕于耳。我记得，当时班上有几个女生听着听着竟然不自觉地流下了眼泪。说真的，看了那么多的选秀，看了那么多当红歌手在舞台上出色的演绎，却很少像那一次一样感到震撼。

我那时候在想，这真的是一个从来没有经过任何训练的女生唱出来的声音吗？真的是一个纯情懵懂的姑娘用尽自己的力气来演绎自己的情感吗？真的没有任何修饰和技巧吗？难道这个世界上真的存在一出生就高人一等的天赋，而这样的天赋是旁人再怎么努力都无法企及的吗？

事后，高小玲在班上的那一唱在整个学校一炮走红。之后每当学校的校庆或者有其他庆典活动的时候，在台上总能看到她清丽的身影，总能听到她悦耳的声音。

我曾私下问她："高小玲，你真的从来都没有参加过任何训练吗？"

高小玲狡黠地笑了笑，点点头。

我说："那你在唱歌这方面的天赋真的令人羡慕。"

高小玲说："天赋是有一点，但是你可能不知道，我大概从3岁的时候就开始自己学唱歌了。那时候家里条件不好，我只能跟着电视里唱，特别是看连续剧的时候，每当音乐响起的时候，我就莫名地兴奋。

"虽然一直以来我都想去参加这方面的培训，但是父母听人说起，艺术生是十分耗费钱财的事情，所以就一直都不同意。小学的时候，我总是借表哥的录音机放歌，他所有的卡带里面的歌几乎每一首我都能唱。

"初中的时候，我跟父母说要买复读机学习英语。其实那时候我买了复读机几乎都是用来听歌的，基本上没正儿八经地听过英语。现在我MP3里面的歌还不下300首。你可能想象不到，到现在为止，我至少会唱5000首歌，什么类型的都会一点。

"你们所有人都以为我天赋好，但是你们不知道我几乎所有的空闲时间都花在了唱歌上。唱的多了，听的多了，即使没人教，自己也能慢慢地摸出一些道道来。所以我虽然没有经过正规培训，但是我可以毫不畏惧地说，我不比其他任何艺术生的功底差！"

高三第二学期的时候，高小玲从外地考试回来。毫无意外地，几乎每一所参考的学校她都远远过了线。高考之后，她如愿以偿地进入了首都师范大学的音乐专业。

我们总觉得那些能够轻而易举做到某些事情的人在某一方面一定具备其他人所不及的天赋，就如同读书，如同考试，如同写作，如同表演……当然，有一些人在某些方面确实具备一些过人之处，但是仅仅拥有天赋，还是远远不够的。我们所不知道的是，凭借这些天赋，再加上不懈努力，以及孜孜不倦，才能进一步把事情做到完善，最后达到自己所预想的结果。

如果当年的高小玲没有凭借着自己的爱好，凭借着我们所说的天赋一直坚持下去，没有几千首歌的锻炼，那么任凭她天赋再高，在高手如云的艺术生涯中也还是会被毫不留情地刷下去。

前段时间，拿到了新书封面初稿时，身边的一些朋友开始在我面前说，真羡慕你有写得一手好文章的天赋，这是我们这些糙人永远都做不到的。

能不能写一手好文章姑且不说，是不是好文章也撇开不谈，不过只要给我一台电脑，给我一个狭小的空间，给我一个安静的环境，不管何时，我都能随手写出一篇文章来。

但是，从始至终，我都不认为这是我的天赋。我一直都觉得，在写文章方面我是缺乏天赋的，我可能构思一个故事需要花费几天的时间，组织一个情节需要几个小时，哪怕想一个令自己满意的结尾都需要寻思良久。

但是，基本上每天，我只要安静地坐下来，沉下心，打开电脑，就能写出不下三千字来。当然，可能质量并不如我所期望的那么高。

很多人甚至我的亲朋好友都觉得，这就是我的一个比他们要好上很多的天赋。但是他们可能不会知道，这些年对于读书，对于写作，我经过了怎样漫长的坚持。

虽然我们读小学的时候各方面信息都十分闭塞，但是我还是会想尽一切办法找书看，翻完了家中父母的武侠小说，就跑到学校跟老师借经典名著还有各类童话书籍，然后每看完一本书的时候都会试着写下自己的感想和读这本书的收获。每当看到漂亮的句子都会像是捡到宝一样欣喜若狂地摘抄下来。

初中的时候，会跟城里的同学借他们家的书看，借完这家找那家，然后再花上几块钱去旧书摊买那些已经发黄的旧书籍，甚至在那时候已经开始写小说了。

到高中的时候，就养成了雷打不动每天都要看书写文章的习惯，虽然都是自己的一些小情绪小感想，或者是一些天马行空的矫情的小故事，但是却一直未间断过。

直到上大学的时候，我才开始进行真正意义上的写作——开始写长篇爱情小说，写长篇武侠故事，写散文，反正不管想到什么都能开始用笔写下来。

所以从真正开始写文章算起，到现在我可能已经写了不下两百万字，虽然现在能找到的也就几十到一百来万字。这些经历，都是我在写作这条路上的不断沉淀。

有很多读者问过我：到底要怎样，才能真正写出好文章来。虽然我并不是一个好的作者，也可能没有写出好的文章，但是一直以来我都是用自己的全部心力在进行写作。所以我就跟他们说，于我而言，写作从来都没有巧，只有四个字——多读多练。

如今，我终于能拿到我人生中的第一本书了，终于可以笑着告诉自己，这么多年的坚持，终于有了一个对我而言还不错的回报。不管这本书将来销量如何，不管会得到大家怎样的评价，毕竟算是实现了自己生命中的第一个小梦想。

以上就是我对那些熟人和陌生人给我的评价的一个解读，我并不是一个在写作方面具有天赋的人。恰恰相反，我一直以来都很笨拙。我写不出感人的故事，我写不出流传甚广的文章，我也写不出具有思想深度的文字来。我唯一能做的，就是孜孜不倦地把自己生活中所发生的事情，我身边的一些小故事，还有我自身的一些小感悟、小启发用文字的形式来讲述给你们听。

这一路走来，其实也是跟跟跄跄，算起来也有十多年的光景。而这些时光，就成为我今天坐在电脑前能够写一篇文章给还算不少的你们看的最稳固的基石和支撑。这么多年的坚持，才成就了很多人对我的一句称赞：你在写作方面，还蛮有天赋的。

最后，我想说的是，其实我们生而在世，每个人在不同方面都有不同的特长，所以每个人在某一方面都有我们所谓的天赋。有的人走得更长远，有的人走得更辉煌，并不是因为他们确实天赋异禀，只是因为他们在所谓的天赋方面，花费了更多的时间和精力。而这些，倘若有一天你做到了，你也可以成为别人眼中极具"天赋"的那个人。

真经不在西天，而在路途。佛祖不是如来，而是自我。那成群结队的妖精乃是人心生出的欲望和执念，三大徒弟其实是唐僧多面的性格和天赋秉性。生活波澜不惊，不外乎人心已死。如果你还在愤恨，还在痛苦，甚至迷茫，那么你就是那个时时刻刻跟妖精斗争的取经僧，你脚下的路，永远是通向自我的路！

人在困境之中，很容易放低自己的姿态，甚至悲观和怀疑人生。这也就是为什么我们要在顺境之中学会努力和热爱，因为在万丈深渊之中，唯有靠着努力和热爱所积累下来的一点微光，指引着我们走出困境。这世上没有谁可以拯救谁，世间一切都是辅助，除了自救，他人爱莫能助。

先天条件再好，不努力也是白费

我的一个朋友，总是觉得自己命不好，吃汉堡都能吃到苍蝇，喝开水都会胖。她每天上网到凌晨，然后中午12点起床，过了几个月开始间歇性地吐血。

她说："你看我命多么不好。"

我没办法劝她，可是我没法不管她。她单纯天真，没有防人之心，但也从没坏心。

她总是紧绷着脸恼怒地瞪着这个世界，却不知我们和这个世界一样，爱她这真诚的模样。

我的另一个朋友，她说因为自己胖，男朋友总和她吵架，不把她放在心上，终于分手，她说："我心知肚明，都是因为自己不够好。如果我高挑又富有，有着那个谁谁谁的天使容貌，我一定不会落到这样卑微痛苦的境地。"

可是她是那样一个容易满足的可爱女孩。

当我忙到深夜准备东西的时候，她会静静地陪在我身边不走开，帮我分担一些工作，哪怕她自己累得上火。

即使是再简单的工作她也总能做得兢兢业业风生水起，上完班买个点心去自习室准备进修考试，卑微、坚强、咬着牙、含着泪地和生活对抗。

可是我还见过一些女孩，上名校，进大企业，打扮永远那么漂亮，神采永远那么飞扬，生活得总是风姿绰约、游刃有余。

我还认识一个女孩，身材高挑匀称，妆容精致清新，参加各种"美丽"的比赛，在台上展示风采，台下总是一片赞叹声。

直到我和她成了朋友、情人，才能看到她不会暴露在人前、网络上的那一面。

她那一个又一个挑灯苦读的夜晚，五点半起床背诵的那一本又一本单词书。

每周至少3次的跑步、瑜伽、游泳、舞蹈，成千上万遍地在大镜子前踱步、摆位。

年纪轻轻就当上品牌经理的她拨开藏起的白头发告诉我：并没有什么天生的好命。

她告诉我：生活这场表演，需要百遍练习，才可能换来一次美丽。

生活给你一些痛苦，只为了教会你一些事。一遍学不会，你就痛苦一次；总是学不会，你就在同样的地方反复摔跤。

你以为只有你倒霉、不顺、挫折、郁闷，仿佛永远看不到未来。

你以为只有你有解决不完的问题，倾诉不完的烦恼，逃不掉的痛苦，等不来的好运。

你以为大家都是等着天上掉好运，如果砸到你，从此你就可以衣食无忧，不用努力就很瘦很白很美，坐等着让人羡慕，不用付出就有回报。

这样的人有没有？有，但是真的很少。而且最重要的，不是你。

你不知道那些所谓好命的女孩在哪一个深夜多做了哪一道题，所以多学会了一点知识，于是比你多考了那么0.5分。你不知道，好命的女孩也不会知道。

你不知道好命的女孩在哪一顿饭比你少吃了哪些东西，在哪一个体育场多跑了几百米，所以比你瘦比你美比你精神。你不知道，好命的女孩也不会知道。

可是我猜测，她们都会知道，在年轻的时候，不能懒惰，不能停下，要厚积薄发，要不留遗憾，要拼尽全力。勤能补拙，苦尽甘来。

都是一样的人，都会面临一样多的问题。人的一生，就是解决问题的一生。奋力向前奔，可能会头破血流，也可能闯出一片天地，但是不勤奋地拼一下，就只有混吃等死。何来好命，只是自己选择了一条勤奋的道路罢了。

回头望去，谁不是一路的血迹斑斑？

在每一个演出、考试、比赛的当口，闭上眼睛，想起这一路鲜活的记忆，很充实，已尽力，不遗憾，因为活得太用力而记得那么清晰，不由自主地微笑起来：已经无愧我心，其他尽凭天意。

因为在这条路上，我们并没有选择。无路可退，也无法逃避，只能让肃杀的风凛冽地扑面而来，冻得鼻青脸肿却不屈地缓慢前行。

不是风雨之后总能见彩虹。

但是咬着嘴唇温柔又倔强、勤奋又无惧的女孩总会胜利。

我们想要什么样的生活，可以自己努力去争取。这世上的悲剧，大多都是能力配不上奢望。那些将自己的希望寄托在别人身上的人，从来没有一刻是真正有底气的，而那些脚踏实地的人，不管脚步是快是慢，都在慢慢走向真正属于自己的人生。

如果你真的想做一件事情，就算障碍重重，你也会想尽一切办法去办到。但若你不是真心地想要去完成一件事情，那么纵使前方道路平坦，你也会想尽一切理由阻止自己向前。

生而不幸也不能阻止你发光

[01]

初夏的午后，树影里泄下斑驳的阳光，静谧安然。我坐在窗前，手执一本《月亮与六便士》，心里泛起难以言说的思绪。那是我第一次突破该书前面部分的生涩，一口气读完全本。于是明白，好的东西，有时会晚一点到来，可能就在苦涩之后。

主人公查理斯·思特里克兰德是个奇特的人，因为行为实在令人匪夷所思，所以常常被人们视为"怪物"。他原本是职业的证券交易人，有着不菲的收入和美满的家庭，但突然有一天像是被魔鬼附了体，为了画画而弃家出走。

他到了巴黎，独自一人在破旅馆里画画，穷困落魄。作者见到他时，他已经形同乞丐。他往返奔波于两个地点，为了分别得到别人施舍的面包与汤。他不肯回头，不理会妻子对他的原谅和召唤。有一种强烈的力量驱使他，走向梦中的家园。

后来他到了与世隔绝的塔希提岛上，终于找到灵魂的宁静和适合自己艺术气质的氛围，创作出一幅又一幅震惊后世的杰作。多年后，在他的精神之乡，他与他的伟大画作《伊甸园》一起归于沉寂。

合上书页的那一刻，我掩卷叹息，眼前似乎绽开一朵自由而肆意的灵魂之花。我想起另外两个人，他们用热爱与执着展示了生命的无限张力。

[02]

李东力在《中国梦想秀》的舞台上，跳了一支舞。没有人记得背景音乐是什么，大家的目光分分秒秒都聚集在他身上。他奔跑上场，扔掉支撑，接连几个后翻，匍匐，爬起，倒立，空翻，一跃而起，然后是完美的托马斯旋转……他的舞蹈震撼全场，人们起立，鼓掌，惊叫，不由自主地流下敬佩的眼泪。

他站在那儿，白衣翩然，骄傲地笑着，一脸阳光。也许在我们世俗的眼光里，他不该有这样灿烂的笑，因为他强壮的左臂下，支撑身体的是一只拐杖，左腿齐大腿根处向下空空如也。他是一位独腿舞者。

3岁那年，他在一场车祸中失去左腿，只能靠拐杖来维持身体的平衡。由于从小热爱艺术，他十几岁就进入了残疾人杂技团。他舞蹈里的跳高以及托马斯旋转动作，都需要强大的腿力，为了锻炼，他每天单腿踩自行车10-20千米。无数次的摔倒再爬起，把他磨炼成了一位出色的舞者。

如今，李东力被誉为"单腿托马斯"，成为著名的残疾人舞蹈艺术家。他用坚毅颠覆不幸，绽放出一朵不屈的生命之花。

[03]

我在一则新闻里看到虫虫，她坐在一个雪白的房间里接受访问，墙上绘着蓝色的鸟儿和花朵。彼时，她坐在一把藤椅里，齐肩的发，经典的格子衬衫，牛仔长裙，脸上露出孩童般纯真的笑。

虫虫已经出版《跟我去香港》《跟我去台北》《跟我去澳门》三本旅行绘本，前一本是她独立完成的，后两本是跟好友的合著。她没有想到自己能够出书，原本画画只是她用来记录生活的一种方式。

虫虫的专业是美术教育，职业是IT编辑，直至2007年，她已经6年没有画过画。在一场病痛之后，她说："我要画画。"于是，每天在工作之余，她用一支黑色的签字笔，画一切映入眼帘的东西，手机、水杯、电脑、凳子……后来，在家里画不够，每次旅行就边走边画。

3年后，《跟我去香港》上市，受到众多网友的力挺。书里的画全部是细腻的手绘，风格自由明快，独具特色，再配以简洁空灵的文字，体现出一种自然的纯真，让人一看就爱不释手。

有着孩童般好奇之心的虫虫，拥有一个炫彩的世界，她热爱摄影、手工、漫画、写作。她对生活以及生命的热爱，让她成长为一朵自然而本真的花，一如她的画风。

美好的追寻与坚持、不屈和自由，动人心魄，让人在时光的静寂之处沉思，直抵灵魂深处。他们成功了，无关名利，无关权势。他们静静地，在自己的世界里回归内心，栽种下一棵属于自己的生命之树。

容易被激怒的，大多是弱者，因为弱者才会逞强，强者往往懂得示弱。同理，刻薄是因为底子薄，尖酸是因为心里酸。一起努力，愿你不再脆弱到不堪一击，愿你能强大到无懈可击，愿你眼中总有光芒，愿你活成你想要的模样。

不用去羡慕谁，也无须在意身边不同的声音。你需要做的就是，放下你那做什么都只有三分钟热度的心，闭上那张什么都想聊的嘴，放下手机停止刷微博、刷朋友圈，重新拾起你的那些"愿望、梦想"，把它们写下来，一点一点去实现它们。

我并不天生比你聪明，那都是我努力的成果

最近消失了一段时间，网络平台上不再更新我的动态。朋友们发现我不再像往常那样经常更新动态，很好奇我在做什么，其实我并没有消失，只是花了更多的时间和精力在学习上。当你在专心致志做一件事情的时候，是没有时间去微博、朋友圈刷存在感的。

我在学法语。毕业的第一年用业余时间，把德语A1、A2学习完了。而2016年的计划中，其中一项就是学法语，目前学习到了B1阶段。推掉了一些"吃喝玩乐"的邀请，也推掉了许多活动，我想让自己的内心静下来，去追逐自己喜欢的东西。

很多人问我，你是如何有时间学习的，一边工作一边学习，还能做那么多事情。

我不是不喜欢玩，而是觉得自己有更重要的事情要做。每天早上起来放法语听力，下班回家学习两节法语网课课程（17分钟左右一节课），晚上睡觉前再复习一遍今天所学的内容，积少成多，一个月下来就学习了不少知识。

我的包包里随身携带着本子和笔，随时都可以拿出来用。我还有个随身携带一本书的习惯，利用碎片化的时间去阅读，每月的读书清单就是这

样一点一点规划好时间完成的。不同颜色的笔记录不同的笔记，复习的时候一眼就能认出哪些知识需要重点掌握，哪些我还不理解。

身边又会学又会玩的例子有很多，一个摄影师朋友靠自己的努力，通过了托福和GRE考试，申请了美国一所常青藤高校读研。她平时还不断练习拍照，提高自己的水平，结果就是，她现在已经成为各大摄影杂志的签约作者，每月固定供稿挣稿费。她还和华盖创意签约，出售自己的照片给需要的公司，以此来挣一些零花钱。你看，只要你愿意努力一点点，生活都不会过得太差。谁说学习和挣钱不能同时兼顾的？

那么，我学法语干什么呢？因为这是我的兴趣所在。

也许是有一些语言方面的兴趣爱好，更多的是因为法语、德语是我一直都想学的语言，不因为功利心而去学习它们，你会收获得更多。就像我以前学习摄影，当时在许多人看来是对未来工作没有帮助的，但他们也没有想到现在摄影帮我很大的忙。如果当初没有自学摄影、写文案、策划，那么我现在也不会做自媒体，也不会有机会到处去旅行，给杂志投稿。

你所学的每一项技能，都会在未来的某一天帮你一个大忙。

你应该感谢的，是那个很努力、积极向上的自己。

小时候，我只是因为喜欢而去学习弹钢琴，并没有想过把它当成我的职业。而上大学的时候，我却靠它挣钱去旅行。我们总是有很多借口和理由不去学习，不去提升自己，如：最近工作太忙了，没有时间学习……也有一部分人抓紧时间，脚踏实地地前进，一个星期、两个星期看不出有什么样的成果，但半年、一年、两年以后，你和别人的差距就拉开了。虽然现在过得很累很辛苦，但将来的你一定会很感谢现在努力的自己。

去三亚旅行，也有一些声音在说："你看她好有钱，又出去旅行了。"谁说要有很多钱才可以出去旅行呢？少买几件衣服、化妆品，攒攒钱也可以出去旅行呀。看似出去旅行是破费的，但他们不会知道的是，旅行回来的我更努力地去挣钱，因为我知道，那想要的一点点自由，需要更多的经济实力去支撑。现在的努力，是为了以后更多的说走就走。

身边认识我的朋友，说我有执行力。以前只是觉得自己有想法就写下来，然后分步骤地一步一步去实现它。后来才知道，许多人的想法，仅仅就只是想法，停留在脑海里。也许有各种各样的原因让你的想法不能落地实施，但你是否想过，最大的原因是不是由于自己的胆怯、拖延症呢？

我很感激那个不论刮风下雨都背包去上德语课的自己，每周都在学习。而其中的收获，除了学习到一门新的语言之外，还有那颗炽热的追梦的心。我只是在你们吃喝玩乐、讨论八卦的时间里，每天抽空学习，但你们知道我今年会圆满地把法语课程学习完对不对？没错，因为你们知道，我会坚持下去。

不用去羡慕谁，也无须在意身边不同的声音。你需要做的就是，放下你那做什么都只有三分钟热度的心，闭上那张什么都想聊的嘴，放下手机停止刷微博刷、朋友圈，重新拾起你的那些"愿望、梦想"，把它们写下来，一点一点去实现它们。

当你的才华跟不上你的雄心时，就需要静下心来认真学习。

想要走得远，就必定要承担。有人喜欢你，就有人毒舌你，你只有继续往前走，才能回应所有的质疑。你必须变得更有力，才能抵抗住生活带来的压力。我们都在生活的洪流里逆水行舟，必须保持努力，才能不被淹没。想得到的东西，自己去争取；没人扶你的时候，自己站直。

不管现实多么惨不忍睹，都要坚定地相信，这只是黎明前短暂的黑暗而已。不要惶恐眼前的难关迈不过去，不要担心此刻的付出没有回报，别再花时间等待天降好运。你才是自己的贵人，全世界就一个独一无二的你。请一定真诚做人，努力做事！你想要的，岁月都会给你。

现实从不能打败一个坚持拼搏的人

[01]

前两天接到了大D的电话，一开口就是她那标志性的少女心破碎的口头禅："我又被现实打败了！"

又被现实打败了。她被打败了多少次呢？

我相信很多人都在某一时刻用这句话吐槽过自己面临的窘境，或者直接率性地来一句："去你的现实！"

年轻的我们都稚嫩地以为世界要靠我们去拯救。直到挨了现实两耳光后才发觉，与这个世界相比，我们的唠叨什么都不是！

刚刚脱离高三苦海的大D，带着100摄氏度的好奇心和新鲜感想在自己认为无限美好的大学一展宏图。但，雄心勃勃的她却发现，自己丢进人海里一下子就被淹没了，连朵浪花都没激起。

所有人都在努力奔跑，所有人都在努力发光。

你的小小傲娇和自以为是，就像路边一粒随处可见的石子，硌了别人的脚，然后还会被人不屑地踢开。

大D是个典型的玛丽苏与"女汉子"的双重人格，她脑海中的大学就像公主遇到白马王子的情节，绮丽浪漫。

电话里大D说，她以为自己能够交到一起上街撸串儿，迟到帮忙喊到，夜里一起逃课看电影吃火锅斗地主，关系铁到比男朋友还硬的室友。没想到，她与室友们除了基本的礼貌之外，彼此之间竟有一种看得清说不透的生疏；她以为自己可以偶遇一个阳光帅气面面俱到负有责任心的学长，来一场缠绵悱恻至少能在回忆里是浓墨重彩的斑斓恋爱，现实是，的确遇到了"完美情人"般的学长，只是他暖了所有人，不止她一个；她以为自己能独当一面霸气侧漏地接下各种职务，不曾想所有人都在拼命发芽，她自己都没有机会见到一丝哪怕漏下的阳光。大D种种美好的幻想，都在眼前变得无比糟糕。

这就是大学，这就是现实，这就是你曾经设想的如童话般美丽的世界。

我们都曾满心欢喜，却被当头一声棒喝打得晕头转向，不愿承认自己的失落，却只能看似随意实则无奈地叹一句：算了！

我对大D这个"糙汉"说："不要老想着你YY的世外桃源，踩着脚下泥泞的稀泥，一步一个坑地走过去，记得保留你尖锐的棱角，因为那是你最好辨识的标记。"

电话那头沉默了三秒钟："你能说人话吗？"

我："往前走就好了，我陪你一起。"

大D："嗯，那顺带帮我充100块钱话费吧……"

我果断挂了电话。没过一秒，收到她发来的一条信息：现在默默发光，以后光芒万丈。一起走，不撞南墙不回头。

里则林说过："为自己奔跑，像狗一样又何妨。"

我与你可能相隔千万个黑夜白昼，得穿过无数个霓虹路口，浪费着六十几亿分之一的缘分，对你说：和我一起，坚持到底，直到你不得不放弃。

[02]

"当所有人以为我过得风生水起的时候，我只是一个人走了一段又一段艰难的路"。无意中在网上看到这样一句话，突然就想起了我的朋友小文。

2016年高考过后，小文哭了3天。都说上帝是公平的，愚蠢了那么久的她这次把欠下的泪水一次性地全部偿还了回来。

成绩一向优异的小文，没能考到想去的学校，甚至，连她当初最鄙视的三本都没能考上。

导致她发挥失常的一个重要而又大众耳熟能详的原因就是：心态。

高考前，重视她的班主任让她放松心情，望女成凤的父母让她不要过度在意，所有人都让她深呼吸，平复紧张的心情，来迎接六月这个庞然大物。

可是她还是很紧张，知道自己还没准备好，就被人推搡着上了那座百万大军的独木桥。还没有开始就已经知道了结局。

即使老师甚至表现出无谓的笑，对她说，不就是个考试吗，有什么啊，别把自己的身体搞坏了。

即使父母装作不以为然地说，别紧张，考不上大学有啥啊，我们还养不起你？

即使共同努力的朋友为了让她心安说，你比我们都强，放松，你考不上，别人都考不上。

一切的假装冷静都在考试那一天彻底坍塌，小文说，那两天的考试，感觉灵魂已抽离了肉体，大脑一片空白，周围的景象像播放着无声的慢镜头，她如同经历了一场车祸，处在失忆的边缘，曾经熟悉的公式也因为紧张而被忘得一干二净。看着黑白的字符那么熟悉，她却怎么也想不起来。

那些说不在意的人，成绩出来之后都在意得要死；那些假装无所谓的人，知道情况后都在心里腹诽；那些让你安心的人，都在下一刻默契远离。

你也许有过这种高低起伏的心酸难过，其他人的态度转变可能会让你的心隐隐作痛，但真正让你难过的不是他们这种人前人后的假装，而是父母小心翼翼掩藏的那种失落。

我们都心知肚明地在爱的人面前装傻，一起演戏，一起把自己的表情隐藏在夸张的妆容后，再认真地用奥斯卡的演技说，没事儿，我真的不难过。

受挫后的小文每天定时跑步，按时吃饭，打打闹闹，用音乐堵塞自己的耳朵不去听那些流言蜚语，用满不在乎的语调宣告自己一直很好不需别人关照。

可是，有一天的夜里，我接到了一个电话，冗长的三分钟里没有一句言语，只有断断续续的抽噎哭泣。我静静地听着，直到对方哭到没有力气挂掉电话。

对，就是小文。

不是你说你很好就真的很好，不是你逞强说不用关照就不需要关照。再骄傲的女王首先也是个女人，再华丽的跌宕情节首先也是写在最纯真的白本上。

很高兴，你能重新拥抱自己。和自己说一声对不起，再牵着过去的自己，重新来过。

最后小文决定复读。

我说：做你想做的，就够了。

借用托马斯·哈代的一句话：凡是有鸟歌唱的地方，也都有毒舌嘶嘶地叫。

以前站在回忆的路口，那么现在就披荆斩棘地往前走吧。

[03]

"人只要幸福，不管多辛苦。现在的领悟有谁真的在乎，是太过纨绔还是我真的不服……"耳机里播放着这首赵泳鑫的《纨绔》，声音舒缓平淡，却有直击心灵的冲击力，没有高超的歌技，却勾起我内心淡淡的恻隐。

"说的不孤独，是不想暴露。哪怕是错误，又怎么肯认输。不是我嫉妒，可难免有企图。哪怕，不清不楚。"有多少人，活得像这句歌词描述的那样。忙忙碌碌向前奔波，走进人海茫茫，又消失在茫茫人海。在对的时间遇不到对的人，在正值年华的时候浪费青春，在该独处的时候扎堆热闹，在一个人该走的时候迟迟留情。

谁不是从一个心地善良的孩子被现实折磨成一个心机深重的疯子。这句话看似犀利，实则在某种程度上代表着成长的意义。

欧·亨利把人生比作一个含泪的微笑。

因为当有一天你真正成长了，难过的时候会笑，高兴的时候反而会哭。

真正的随遇而安不是两手一摊的无所作为，而是拼尽全力之后的坦然相对。

现在觉得苏辛在《未来不迎，过往不恋》中有一句很贴切的话：让你最舒服的姿态，就是这世界最喜欢的姿态。

我现在还是不够聪明，学不会讨好，不知道实现梦想的捷径，只知道二货一般的坚守。

受伤了就哭，痊愈了就笑，带着稚嫩走，从未回过头。

即使身边狂风暴雨，泥沼遍地，我也不曾停下脚步；即使耳边喧嚣无比，人声鼎沸，我也从未放弃过执着。

那些陪伴过我又走开的人，用书中的一句话来向你们道别：很开心你能来，不遗憾你走开。

风雨兼程中，我们都在笨拙而努力地奔跑。

没输过的人，最后往往会输得一塌糊涂；没摔过跤的人，跌倒了往往爬不起来；没体会过饥寒的人，贫困往往会成为你的归宿；没历经拼搏的人，属于你的往往来得快去得更快。被你轻视了的东西，终会被你看重；你专注于一个方向，终究要比别人走得远些。

你相信天上会掉馅饼吗？许多人问我，付出和回报不成正比，我该怎么办。我只想说一句话："不费力气，一无所获。"

因为曾经一无所有，
所以才更懂得付出的含义

那时我家还在乡下的小镇上，十字街口有一家糖果店，是赵爷爷开的。记得第一次跑进糖果店，大概是4岁左右，我清楚地记得那间屋子里摆放了许多1分钱就能买得到的糖果，我甚至能闻到空气中甜甜的气味。赵爷爷每听到前门的小风铃发出轻微的叮当声，必定悄悄地出来，走到糖果柜台的后面。他那时已经很老了，满头银白细发。

小时候家里穷，我和哥哥很少有零食，于是每次母亲去街口买油盐酱醋时，我们两个必定在后面跟着，然后央求她带我们去赵爷爷的糖果店看看。赶上母亲高兴，她会给我们1毛钱，我俩便乐滋滋地跑向糖果店，很神气地把钱给赵爷爷。他乐呵呵地接过钱，任我们挑选。这时候麻烦就来了，那么多美味的糖块摆放在柜台上，我们真不知道选哪一种好。常常是我想要这种，而哥哥非要挑另一种。经过一番激烈的争论后，赵爷爷便拿出一个白色的纸袋子，把我们选出来的糖块装进去。一出小店，我们就跑回家里，躲在无人的地方细细品味起来。

后来上学了，每次去学校，我都会路过赵爷爷的糖果店。我喜欢站在门口停留几秒钟，闻一闻从屋子里飘散出来的糖果味，用鼻子狠狠地吸几下，心里说不出的高兴。那时想，如果我要有很多很多钱该多好啊，能把每种味道的糖块都吃一遍，直到吃饱。

我上二年级那年，哥哥患上了黄疸型肝炎，每天都要打针，还喝草药。那草药我没喝过，想必很苦吧，我只用舌头舔过一下。每次哥哥喝药，都是母亲一再劝说，说喝下去就好了。一碗白糖水一碗草药，哥哥一口喝了，喝后，他的嘴咧得大大的，满脸痛苦。

　　如果哥哥喝下药后能吃一块糖，肯定就不苦了，有一次我想。可是，哪里有钱去买糖呢？

　　于是每次路过赵爷爷的糖果店，我更加留意了。我发现糖果店的门口挂着一串小风铃，其实就相当于门铃，一旦有人去买糖果，用手一碰风铃，就叮当作响，赵爷爷听见了，便从里屋走出来。如果不碰风铃直接进去呢？

　　那天中午，正是午休的时间，我悄悄地溜进了糖果店。里面十分安静，没有一个人，我只听见赵爷爷在里屋偶尔咳嗽一声。我紧张极了，大气都不敢出，蹑手蹑脚地慢慢走向陈列糖果的玻璃柜，抓了一把有着新鲜薄荷芬芳的薄荷糖。那是一种软胶糖，颗大而松软。我把糖块装入口袋，转过身，没想到赵爷爷已经站在了我的面前。

　　"口袋里装的什么？"赵爷爷脸绷得很紧。

　　"我……"我说不出话。

　　"这么小年纪，就偷东西，长大了还不成精？"

　　我低着头，脸发烫。

　　"把糖拿出来！"他的声音突然严厉起来。

　　我下意识地捂紧了口袋。

　　"哥哥病了，喝草药，很苦……"我的眼泪流出来了，"我想，他吃了糖，就会好些的。"

　　赵爷爷的脸色缓和下来，俯过身来说："可是，你也不能偷呀！"

　　"您能、能把糖送给我吗？"我仰起头说，"就这一次。"

　　"不行。"他的语气很果断。

　　过了一会儿，他说："这样吧，这些糖先赊给你，限你一周内把钱还来，否则就告诉你妈妈。"

　　就这样，我流着泪从糖果店跑了出来。

我恨他。我恨透了他，他有那么多糖，给我这一点，他也不差什么的。吝啬鬼！

回到家，一下子看见这么多梦想已久的糖块，哥哥异常兴奋。不过我没告诉哥哥这些糖是怎样来的，我只对他说反正不是偷的。哥哥把糖分给我一半，我没要，我说我已经吃了好多好多了。

接下来的那一周，我每天回家都很晚，为此母亲责怪了我。我没解释，因为我去捡破烂了。我拎一个袋子，把捡来的瓶子卖给了几里地外的一个废品收购站。还好，仅过去五天，我就凑齐了糖果钱。

"你是一个有爱心的孩子，这难能可贵。"赵爷爷接过钱，和蔼地说，"我原本可以把糖送给你，但是，我必须让你明白，用自己的劳动换来果实，才会更有意义。"

心中的憎恨瞬间消失，我的眼泪又涌了出来。

"记住！孩子，要想得到什么东西，需要你正大光明地去争取，用你的劳动去获得。没有人能施舍给你东西，包括你的未来。"

我记住了这句话，一辈子都记住了。

在以后的成长道路上，我时时提醒激励自己，无论是在大学时期，还是参加了工作，我都踏踏实实，用自己的汗水换取每一份果实。"没有人能施舍给你一个未来"，任何幸福都需要你自己去争取，都需要付出，这样才能有尊严地活着。

你的努力与坚持，即便没有迅速回报，但也一定会以其他方式呈现。你犯下的错，当下或许没有受惩罚，但也会从别的地方让你付出代价。你在这世上做过的任何一件事，都会对这个世界产生或多或少的影响，然后化作不同形态投射在你身上，然后改变你。这就是能量守恒定律。

穷人只会教你如何穷，牌友只会催你出牌，酒友只会催你干杯，而贵人会引领你到达从未企及的境界！人生最大的运气，不是捡钱，不是中奖，而是有人可以带你走向更高的平台。其实限制人们发展的，不是智商、学历，而是你所处的生活圈子、工作圈子。所谓的贵人，就是开拓你的眼界、带你进入新的世界的人。

找到你要奋斗的那个圈子

今天我想通过三个故事，来讲三个经济学基本原理。

第一个故事，它的主题词叫"消灭选择"。

我出生在北京，幼儿园还没有毕业，就被送到了农村。上小学的第一天，同学们课间把我叫到了操场，我傻呵呵地跑过去，还没站稳呢，有一个同学悄悄地跑到我的身后，把我的裤子一拉，扒下来了。奇耻大辱！怎么办？找班主任。

我跟班主任告状，班主任讲的是方言，我没听太懂，大概的意思是说——你小子真笨，连自个的裤子都保不住。

然后我就回家了，我心里非常明白，假如我告诉父母的话，我父母一点儿也不会同情我，一定会教育我说：一定是你犯错误了，农民的孩子都很纯朴的，怎么会捉弄你呢？

所以我想我没有选择，必须靠自己。怎么靠自己？三件事。

第一件事，我找到我妈妈，说你必须给我一个绳子，把我的裤子扎起来。

第二件事，我要跑，我打不赢，我要先学会跑。

第三件事，我得观察孩子们是怎么打架的。

最后，机会来了，一个月以后，我的班主任要我做值日。这时候那四五个人要打我，我先跟他们转悠，逮着一个机会，朝一个同学撞过去。他没防备，头撞到了课桌上。

第二天，我的妈妈买了饼干，带着我到这位同学家去赔礼道歉。那是在一头牛的边上，那个味道一辈子我都没忘记！那是香味，我第一次尝到了胜利的甜头，从此以后，没有人敢随便欺负我了。

这件事情告诉我什么呢？在没有选择的情况下，人的潜力才能够被激发出来。

现在年轻人的问题，不是没有选择，而是选择太多了。我的很多学生，经常来问我，以后做什么，尤其是博士生。我说你读了博士都还没想清楚未来干什么！

假如马云，考试成绩好一点，能考上一个很好的学校，读了金融，恐怕今天不见得要创业了吧？假如马云长得，像撒贝宁一半那么帅，有可能到电视台当个主持人，就不会创业了。所以马云也好，刘强东也好，他们往往是被动地消灭很多选择，背水一战。

第二个故事，它的主题词叫"人力资本"。

1992年，我博士毕业了，在找工作。第一个去面试的是纽约大学，系主任当时决定要录用我。一星期以后，密歇根大学经济系也给我打电话，说要请我去经济系工作。

于是我就碰到了一个选择的问题，纽约大学金融系，金融研究水平非常高，工资整整是密歇根大学的两倍。怎么办？纽约大学的金融系主任，碰巧是我一个同学的父亲，所以跟我讲话很直接："我给你付的工资是别的大学的两倍，你来我这，专门跟我研究金融问题，甭搞你的中国经济研究了！"

这句话在我脑子里反复回响，我当年选了经济学，想的是中国的事情。如果我去了纽约大学，只让我研究金融的问题，跟中国不直接搭界，我的未来会怎么样呢？我会高兴吗？想到这儿，我义无反顾去了密歇根大学的经济系。

为什么？用经济学的道理来讲，我想的是未来，是人力资本。什么叫人力资本？就是你未来的获得幸福的能力。

从某种意义上讲，我们每一位同学，你们不用买股票就已经有了一个大股票，就是你自己呀！你是你这只股票的CEO、董事长，你的导师、你的老师、你的父母、你的同学，都是你的持股者。所以你的主要任务，今天应该是如何做好你的主营业务，如何让你的未来更加美好。

关于是否要逃离北京的问题，今天我可能要忍受大城市的痛苦，但是未来我会更幸福。因为我在大城市，获得了工作的机会、锻炼的机会。我认识了很多跟我想法相像的年轻人，有很多导师来指导我。

第三个故事，它的主题词叫"圈子"。

这是我一个非常好的朋友的故事。这位同学20世纪80年代在波士顿上大学。他一早就想清楚了要搞金融，怎么能够进入金融这个圈子呢？每一个周末，他都坐着公共汽车去波士顿。

美国的公共汽车，可不是北京上海的五分钟一班呐，是一小时一班呐！他需要背着干粮，带着牛奶，一走走一天。去波士顿的金融街，在大厅里看着那个门板，记下这些公司的负责人的名字、部门是什么。之后找到公司总部的这些总机，打电话过去说，我要跟史密斯先生谈一谈，他是哪个部门的。总机的接线员一听，这小伙子还挺靠谱，放进去吧。于是他通过这种方式，跟华尔街在波士顿的分公司就接上头了。

他很快就去了这家公司做实习生，再过五六年，他成了一家全球三大投资银行之一的银行亚太部的总管，现在已经下海自己创业了。

那么这个故事在经济学中是什么道理呢？在经济学中我们就叫它外部性、外溢性。

年轻人往往会有一种情结，我经过奋斗，成功了，为什么这个圈子还有其他的人跟我竞争啊？"瑜亮情结"，既生瑜何生亮。

这个道理经济学也告诉我们，不应该这么想，因为人才的成长都是集团性的。

所以最后我想总结一下告诉大家，不要犹豫，尽早认准大方向。消灭选择，义无反顾，认准长远，认定自己，然后想方设法找到你要奋斗的那个圈子，你会跟着这个圈子不断地往上走。

所有的成长，都是因为站对了地方。

认识的人并不是越多越好，挤不进去的圈子不要乱挤，更不要以认识谁见过谁而作为吹牛资本。沉住气，别老去巴结谁，别人的奇迹和你无关，实在得不到的不要去追，让自己生气的东西永远别搭理，多看书，多走路，上学上班路上都是旅行。

太多人挑肥拣瘦，嫌工作辛苦，嫌打工没面子，嫌来嫌去，最后被嫌弃的是你自己。无论做什么工作，只要肯脚踏实地地干，都不丢人，你没钱没能力没事业，啥也没有，才最丢人。你想加油，你想更好，没人会阻挡你前进的脚步，其实通往成功的路上最大的阻碍，就是你自己的无知和懒惰。

只要你想，你完全可以成为一个更好的自己

[01]

从北京回家的动车上，偶然听到邻座的小姑娘边哭边打电话给家人，她说："妈，对不起，本来说好了，赚钱了才回家的……"她蜷坐在座位上，极力压制着自己的哭声，"但是我尽力了，妈，我不后悔。"

联想起之前看到的一篇日志，有人说他始终不相信努力奋斗的意义。然而努力奋斗的意义，真的只是为了赚钱，或者为了社会所认可的成功吗？

我突然想起我那个日夜颠倒的死党，M。

有一个周末晚上，他发来自己的封面设计，还没等我给出评价，他又说，不行，我还得再改改。

其实我觉得已经很好了，可是他总是不满意。

第二天中午他把改好的设计给我看了看，然后语音另一边的他突然叹了口气。"你说，我们这样日夜颠倒，这么忙碌，到底是为了什么呢？"他问我。

我想起一句话，于是对他说："归根结底，我们之所以漂泊异地接受艰辛，是因为我们愿意。我们这么努力，不过是为了给自己一个交代。"

就像那个跟我萍水相逢的姑娘打动我的那句话："但是我尽力了，妈，我不后悔。"

不知道为什么最近出现了很多文章，说不相信努力的意义。这对于我来说似乎从来不是一个问题，努力从来不等于成功，而成功也从来不是终极目标。那些终极的梦想，其实是很难实现的。但在你追逐梦想的时候，你会找到一个更好的自己。

[02]

我始终相信努力奋斗的意义，因为那是本质问题。

我朋友曾经问我："如果有一天你的梦想始终没有实现，你会不会觉得很可怕？"

我对他说："没什么好可怕的。"

他看着我说："即使那些努力都没有回报？"

我觉得努力就是努力的回报，付出就是付出的回报，写作就是写作的回报，画画就是画画的回报……一如我的死党所说，虽然每次觉得很累，但当他看到自己的作品的时候，心里的兴奋和激动没有任何一样别的东西能够代替得了。

如果你的努力能让自己做自己喜欢的事情，那为什么要放弃努力呢？如果人能够做自己喜欢的事情，谁说这样不是一种回报呢？

我相信，任何人，不管他是个大人物还是小人物，只要做自己喜欢做的事情，一定是开心的。只要为了自己想要做的事情努力，那一定会感到充实。相反，如果你的努力是为了你不想要的东西，那你自然而然地会感到憋屈和不开心，进而怀疑努力的意义。

如果你的努力不是为了得到自己喜欢的、自己想要的，那么请停下来问问自己，是不是太急躁了。

曾经在山区里看到过无邪的孩子们念书的情境，正如那些文章里所说，这些孩子也许将来只能接过父母的活计，在山区里继续着他们艰苦的人生。然而他们却比很多比他们家境好的人快乐许多，因为对于他们来说，念书就是念书的回报。

曾经一个在北京漂着的哥们儿跟我说，他也许这辈子也无法逆袭，也许那些一出生就有很好的背景的人，他们不需要怎么付出也能做出更好的成绩，但他还是决定继续漂泊，做一个奋斗的青年。他觉得这样值得，失败了也不会有借口，也算是给自己一个交代。

你说登山的人为什么要登山？是因为山在那里，是因为他们无法言说难以满足的渴望。

为什么明知道梦想很难实现还是要去追逐？因为那是我们的渴望，因为我们不甘心，因为我们想要自己的生活能够多姿多彩，因为我们想要给自己一个交代，因为我们想要在我们老去之后可以对子女说，你爸爸我曾经为了梦想义无反顾地努力过。

诚然，也许咸鱼翻身了也不过是一个翻了面的咸鱼，但至少他们有做梦的自尊，而不是丢下一句努力无用心安理得地生活下去。

你不应该担心你的生活即将结束，而应担心你的生活从未开始。

其实我在追逐梦想的时候，早就意识到那些梦想很有可能不会实现，可是我还是决定去追逐。失败没有什么可怕的，可怕的是从来没有努力过还怡然自得地安慰自己，连一点点的懊悔都被麻木掩盖下去。

不用怕，没什么比自己背叛自己更可怕。

九把刀在书里说过："有些梦想，纵使永远也没办法实现，纵使光是连说出来都很奢侈。但如果没有说出来温暖自己一下，就无法获得前进的动力。"

人为什么要背负感情？是因为只有在人们面对这些痛楚之后，才能变得强大，才能在面对那些无能为力的自然规律的时候，更好地安慰他人。

人为什么要背负梦想？是因为梦想这东西，即使你脆弱得随时会倒下，也没有人能夺走它。即使你真的是一条咸鱼，也没人能夺走你做梦的自由。

所有的辉煌和伟大，一定伴随着挫折和跌倒。谁没有一个不安稳的青春？没有一件事情可以一下子把你打垮，也不会有一件事情可以让你一步登天，慢慢走，慢慢看，生命是一个慢慢累积的过程。

有一个环卫工人，工作了几十年终于退休了，很多人觉得他活得很卑微，然而每天早起的他待人总是很温和，以微笑示人，我觉得虽然他没能赚到很多钱，但是他同样是伟大的。

活得充实比活得成功更重要，而这正是努力的意义。

[05]

我常说，你是一个什么样的人，就会听到什么样的歌，看到什么样的文，写出什么样的字，遇到什么样的人。你能听到治愈的歌，看到温暖的文，写着倔强的字，遇到正好的人，你会相信那些温暖、信念、梦想，坚持这些看起来老掉牙的字眼，是因为你就是这样子的人。

你相信梦想，梦想自然会相信你。千真万确。

然而感情和梦想都是冷暖自知的事儿，你想要跟别人描述吧，还真不一定能描述得好，说不定你的一番苦闷在别人眼里显得莫名其妙。喜欢人家的是你又不是别人，别人再怎么出谋划策，最后决策的还是你。你的梦想是你自己的又不是别人的，可能在你眼里看来意义重大，而在他们眼里无聊得根本不值一提。

在很大的一部分时间里，你能依靠的只有你自己。所以，管它呢，不管别人怎么看，做自己想做的，努力地坚持做下去。

也许你想要的未来在他们眼里不值一提，也许你一直在跌倒，然后告诉自己要爬起来；也许你已经很努力了，可还是有人不满意；也许你的理想与你的距离从来没有拉近过，但请你继续向前走，因为别人看不到你背后的努力和付出，你却始终看得见自己。

我之所以这么努力，是不想在年华老去之后鄙视我自己，是因为我始终看得见自己。

因为我想给自己一个机会，趁自己还年轻；因为我必须给自己一个交代。

因为我就是那么一个老掉牙的人，我相信梦想，我相信温暖，我相信理想。我相信我的选择不会错，我相信我的梦想不会错，我相信遗憾比失败更可怕。

我相信，会有那么一天，我会成为更好的自己，会成为父母的依靠，会成为可以信赖的朋友，会成为值得爱的人，我一直在努力！

CHAPTER 02

每个优点
都是发动机

所有的欺骗、侮辱和伤害，
只是这个世界温柔补偿的序曲。
那些星星点点的微茫，
终会成为燃烧生命的熊熊之光。

竞争并不是推动人类前进的动力，

嫉妒才是。

记住你是个女孩，努力是你的象征，自信是你的资本，微笑是你的标志，你要奋斗的不是在一个男人面前委曲求全让他看到你的努力，而是好好努力，并且等待数年后那个单膝跪地给你无名指戴上戒指的男人。想要别人爱你，前提是先好好爱自己。

爱笑的人总是会有好运的

我的大学同学许妍两年前去英国留学后，我们就再也没有见过面了，前天这家伙突然打电话给我，说回国来过圣诞节，我立刻要求见一面，两年不见，实在是挺想这家伙的。我话刚一说出口，这家伙立刻说："废话，当然要见一面了，不然我打电话给你干什么？你要是没什么事，我们半小时后在你家旁边的星巴克见面。"

我的热情顿时被这家伙两句话就浇灭了，忍不住抱怨她："我以为你还在英国呢，敢情你已经回来了？怎么不提早告诉我。"

她在电话那头笑得特别开心："怎么，没想到吧？我想给你一个惊喜呀，怎么样，开心吧？"

我忍不住朝天花板翻翻白眼，这家伙是不是在英国待的时间太长，把人都待傻了啊？她不知道对女人而言有时候惊喜就等于惊吓吗？

我把这个意思表达了一下，意思是我两个小时后才能出来。

许妍很委屈："我以为你也急着见我呢！没想到你一点都不想我。为什么要两个小时呢？"

我叹了口气，开始给她算时间，比如我需要时间换衣服吧，我还需要时间蒸一下脸，然后做个面膜，再美美地化个妆才好过去见她。

对于我的磨叽，这家伙相当不满，最后我们折中了一下，一个小时后见面。

挂了电话，我立刻冲到卫生间洗脸，开始捯饬自己，我进行了有史以来速度最快的一次打扮，洗脸、蒸脸、化妆、梳头、换衣服，一小时全部搞定。等我收拾停当后，离见面的时间只剩下了五分钟，中间还得忍受着她不停地催促。

原本我以为当年就酷爱打扮的许妍出了两年国，一定会带着国际范儿出现在我面前，所以我将自己收拾成精致小女人，才敢出现在她面前。结果，当我见到她的那一刻，才发现她穿得非常随意，倒显得我打扮得过于刻意。

这家伙不但穿得随意，脸上几乎也没施什么脂粉，但气色却很好。记得当年，许妍是班里出了名爱打扮的姑娘，眉毛拔得细细的，眼线画得长长的，眼睫毛一根根刷得翘翘的，一定要把自己打扮得像个精致的洋娃娃才会姗然出现在大家面前。也是因为这个原因，我见她之前才会这样打扮。按照以往的习惯，我如果不这样，她一定会痛心疾首地告诉我，你简直不是女人，实在对不起女人这个身份。

我刚出现，许妍就站起来给了我一个大大的拥抱。我说，两年不见，变化挺大啊！

我以为她会和我聊些国际时尚之类的话题，结果她坐下就跟我说："女人，什么时候跟你老公来英国玩玩啊？我现在会做烘焙，会做蛋糕、小点心，我在英国租的小院子里还种了不少东西呢！"

我愣愣地看着她，这家伙在国外受了什么刺激吗？感觉性情大变啊！

我仔细地看着她，说："你变了！"

她笑着问我哪里变了。这一问我倒真的仔细端详起来，虽然现在的许妍不像以前打扮得那么时髦，可是看起来却更令人舒服。而且感觉她整个人都变了，是什么变了呢？对，是脸上的笑容，从见到我后，她的脸上就一直挂着发自内心的笑容。那是一种内心的愉悦和舒展，仿佛阳光洒在脸上的感觉，给人一种柔和的感觉。

就是这份发自内心的笑容让她整个人都不一样了。记得以前这家伙最愤世嫉俗了，经常横眉怒目，也因此，交往三年的男朋友选择了离开。许妍去英国留学，很大一部分原因就是感情的失利。

她对我说："以前我老觉得要把自己打扮得漂亮，就是要穿上最精美的衣服，化上最精致的妆容。在英国的两年里，我终于明白，最好的妆容就是脸上的笑容，这是我的房东太太告诉我的。

"所以在英国，我学习烘焙，亲自种瓜果，对每个出现在我面前的人，都给予最真诚的笑容，然后我发现，大家也回我以微笑，我变得越来越开心。另外，我这次回国，就是为了来见他，前不久，我们又恢复了联系。对于我的变化，他很惊喜，问我能不能重新开始。"

许妍说这些的时候，脸上始终保持着明朗的笑容，我想，这一次，幸福不会再从她手中溜走了。这个观念，也是她这次回来，带给我最好的礼物。

想起前不久，我和当当去美容院选美容项目，进来一个五官长得特别漂亮的女人，我小声对当当说："她可真漂亮啊！"

当当看了一眼，很鄙视我的审美："长得倒是不错，但是你看她的脸，活像别人欠她800万似的，看了就难受啊！活活浪费了那么漂亮的脸。"

再一看，好像的确如此。我忍不住想：这么漂亮的脸孔，笑起来该是多么的倾倒众生啊！

我们很多人，为了美丽漂亮，不惜血本尝试美容院的各种项目，几千一套的护肤品想也不想地就买下，很多姑娘为了名牌衣服和包包，甚至不惜节衣缩食也要去买，总觉得这样才是一个有追求有品位的姑娘。

可是很多人都忽略了一点，越是美好的东西往往越是免费的，比如空气，比如雨水，比如你脸上的笑容，只要你展颜一笑，胜过万千装饰。

我们一定要明白：没有一个人会因为我们化了精致的妆而更加喜欢我们，却不顾我们脸上的表情是什么；也没有人因为我们拎了个限量版的包包就更加尊重我们，却不管我们有没有内涵。能使别人愿意靠近我们、和我们做朋友的，是我们发自内心的喜悦和真诚，是我们愿意带给别人快乐与欢笑，是我们的内涵与品位。

当然，并不是说女孩子打扮是错的，而是我们应该分清主次。简单自然的妆容，配上得体大方的笑容，才会使你光彩夺目，风华绝代。

　　想一想，一个无比漂亮的女人，可是脸上一点笑容都没有，眉眼间都是忧愁和不耐烦，甚至隐隐含着怒气，这样的女人美吗？

　　做一个爱笑的姑娘吧，爱笑的姑娘运气都不会差的。

　　要活得真实，不管别人怎么看你，就算全世界否定你，你还有自己相信自己。跟自己说好，要过得快乐，无须去想是否有人在乎，一个人其实也可以很精彩。悲伤时可以哭得很狼狈，眼泪流干后，要抬起头笑得很漂亮。

谦卑是当你有资本高调时，你选择了低调；节制是当你有条件奢侈时，你选择了朴素；忍耐是当你有力量反击时，你选择了退让；忠贞是当你面临巨大诱惑时，你坚守了最初的选择；人最大的自由是选择的自由，但不是被迫的选择。

把自己放在低处也是一种大修养

前段时间，带着一个小朋友参加自己的私人聚会。朋友二十七八岁，也算是事业有成，做建材业务，开辆30多万的车，也贷款买了房。如果单从物质上来讲，他在同龄人中是比较有出息的。

聚会是我组织的，因为在此之前，我曾跟小朋友说过，要给他介绍几个做生意的朋友认识，互相交流一下，虽然从事的行当不一样，但就做生意来讲，会有很多共同点可以借鉴一下。

聚会的地点选择在一条偏僻的胡同里，里面有家烤羊腿的店。聚会前，我曾跟朋友电话商量过，看去哪儿合适，朋友说，不去酒店了，咱又不是正儿八经地处理业务，朋友几个人选个偏僻有特色的地方就行，所以定了这家店。

我最先到的，简单安排了一下。一会儿小朋友来了，开着自己的车，带着妻子，好等会儿喝完酒后让妻子开着车回去。他着装很是正式，衬衫没有褶皱，领子笔挺，皮鞋闪着亮光，连头发也打理过。

一会儿，第一个朋友来了，骑着一辆破旧的自行车，简简单单的居家装束。停下后，从车筐里面拿出一瓶洋酒，说今晚上尝尝。第二个朋友也到了，这个神仙骑辆电动三轮，穿件老人才会穿的大背心、大裤衩，脚上拖着一双地摊上的拖鞋。

　　交流的过程不算是很愉快，小朋友有很多新鲜的思想，我和朋友可能是老朽了，无法接受，同时小朋友慷慨激昂，指点江山，舍我其谁。害得我只能一次次打断他的话，频频举杯喝酒，好把场合圆过去。朋友问我的小朋友，你是自己干还是给人打工？小朋友避而不谈，继续谈自己的雄心。朋友隔了一会儿又把这个问题问了一遍，小朋友还是不正面回答。

　　结束后，小朋友对我说，你这两个朋友也没什么出色的地方，也就是干个生意混口饭吃，看他们的穿衣就能知道……

　　我说，他们这口饭吃得还可以。一个是做特产的，给超市配货，特产是独家代理，也就是垄断，你所看到的市面上的这十几款特产，都是从他手里出来的，同时他还在咱们这个城市开了12家连锁店，另外包了300亩的山。一个是做冷冻海产品的，有好几个冷库，200多万的两套房子，一辆奔驰，他的产品发往全国。

　　以貌取人在某种程度上是对的。你去相亲，看见邋遢的人心里肯定反感；参加正式的社交场合，没有人会不修饰自己；平时交往，衣冠整齐的人多少会给你带来好感。在公众的场合，这些都是正常表现。而在私下场合，个人会有各自不同的表现。有人还会一丝不苟，严谨肃立。

　　而我的朋友选择了一种随意舒适的状态，不在意别人如何评价或是怎样的目光。俗世中的人，倒不如俗得真实一些。在场面上可以端着绷着，工作之外的一切场合，完全可以放松甚至放空自己，不与他人计较。

　　小朋友慷慨陈词时，他们点着头，偶尔插一句，说话时也多是对小朋友的肯定和鼓励。虽然结束后，朋友对我说，你的小朋友死要面子，不肯把自己放低，这个亏早晚得吃。

　　我知道，他们无论从哪个方面都让自己低到最底层，吃饭不求豪华，合口就行；出行不必让人侧目，随心安全就行；穿衣不求名牌，虽然衣橱里有很多名牌，舒适就好。

　　这是表面的低调，是外在上的把自己放到大众中不想引起别人注意的一种方式。而真正的低调是不与他人争一时之长短，专注于自己的事情，不在意别人的评价与目光。如同他们当时与小朋友不争吵不斗气，只是一味地鼓励，哪怕仅仅是表面上的。

低调是一种修养，修养的得来与读书有关系，也没有多大关系，更多是来自生活的磨炼与体悟。

朋友在年轻时，看到自己的工人做事出错，张口就骂，看谁都不服气。抽最好的烟，喝最好的酒，去消费最高的酒店。经过多年浮浮沉沉，经历了得意与失意，欢笑与苦痛，反而变成一个谦逊平和的人，在不碰触自己底线的情况下，对待工人处处恭敬。与人交往，不急不躁，从容平和。甚至每年都拿出一部分钱心甘情愿让别人去骗，用他的话来说，他做生意，有时一些情况一看就是骗局，但也要做，有些行骗的人，日子很苦。

自己现在生活好了，就用这种被骗的方式让别人也好过一点。说白了，就是白送给别人钱。自己亏点就亏点，什么都不影响。

《道德经》中有这样一句话：上善若水，水善利万物而不争，处众人之所恶，故几于道。低调是上善中的一种，混迹于芸芸众生中，做好自己的同时，又在默默为他人做着力所能及的事情。这种修养，善莫大焉。

又想起一个人，快50岁了，在一起吃饭时，顽皮可爱，单纯得像个孩子。用的手机是老版的诺基亚。后来去他家拜访，他正在书房里写着毛笔字，一丝不苟，极其认真。书桌上放着Iphone。吃饭时亲自下厨给我们炒菜，菜的口味很好。他也是个生意人，做某种鱼类生意，半个中国的这种鱼全都出自他的手。

令我震惊的不是他的生意及市场，而是他的生活态度，一个热爱厨房的人，也必定是热爱生活的人。一个醉心于写字的人，必然有其大多数人所不能理解的精神世界。每个人对生活的理解都不同，经历及学识不同，认知也会千差万别。

对于形形色色的人，对于纷繁复杂的社会，我们都会有自己的应对准则。可以选择"知其不可为而为之"的雄心，也可以选择"穷则独善其身，达则兼济天下"的理想。但不管怎样，与人为善，低调踏实，做人做事才会游刃有余，不会做绝。

把自己放到低处，不是懦弱无能的表现，强硬是努力向上的表现，谦卑更是对生活的包容。在低处，我们可以容纳别人很多的缺点或者过错。有了容纳的宽广心胸，还会惧怕风浪吗？没有火气，春风化雨般的努力比强硬来得更从容。

小朋友不会理解，至少在他现在的年纪不会懂。有些东西不是饱读诗书学富五车就能体会的，也不是见过了听过了就全都懂。低调是学不来的，不是不说话不出头就是低调，它需要经历了人生的种种摧残，不断磨砺自己的心性。低调来自对生活的阅历，每个人都是有故事的人，只有能真正体会自己的故事，再加上时间的滋养，才能内化为自己的修养。

低调是奢华的，奢华是一种涵养，是一种让人如沐春风的态度，更是一种经历风浪后对"善"的珍视。低调在我们的生活中，永远都是散发着光彩的奢华。

"这世界毕竟是残酷的，不奢求别人对自己刮目相看，也不用急着需要被谁理解，萝卜青菜还各有所爱呢，何况陪我哭陪我笑的人，也是自己慢慢用经历赚过来的老友；那些来自陌生人的眼光和评价，不顺心的翻个白眼也就过去了。"——不苛责别人，不放低自己。

有人说，要想提高教养，应该多读书。可是，教养一定与读书有关吗？关于教养好坏的一点感悟：从小父母就教育我们，对待他人要有礼貌，但仅仅懂礼貌并不等于好教养。读万卷书虽好，但也要扎根实际。多样的经历可以使你理解不同的生活，内心也变得慈悲起来。

别忘了，你的教养
有很大一部分来自你的经历

今年暑假，和朋友一起去看电影。离电影开场还有40多分钟的时间，我一个人无聊地坐在等候厅里玩手机。这时，来了一对小情侣坐到我旁边，看样子他们应该刚大学毕业不久，已参加工作。

一开始他们并没有引起我过多的关注，直到我被他们的说话声吵到抬起头。当时，那个女生坐在男生腿上，嚷嚷着要吃冰淇淋、要买水，然后两个人一起去买了一瓶矿泉水。本以为他们会就此消停，没想到玩闹得越来越厉害，整个等候厅里都是他们的声音。

接下来这个故事，是大学里的一位朋友讲给我听的。她宿舍的人都很节俭，从一开学她们就养成了一个习惯，把喝光的矿泉水瓶和不用的纸箱子都攒起来，最后卖给收废品的人，卖的钱用来当舍费。

临近暑假的时候，她们宿舍已经攒了一阳台的废品，联系到了收废品的人，她和两个舍友就一起把废品装起来，抬下去卖。收废品的人是一位老奶奶，满头白发，衣着简朴，弓着背，一看就知道生活很艰辛。老奶奶跟她们讲好价，她的两个舍友却不依不饶，一定要让老奶奶提高价钱。当时是中午，太阳最毒的时候，老奶奶的额头上早已冒了很多汗。事后她告诉我，她那两个舍友对待老奶奶的态度很差，只是为几毛钱，真的有点过分了。

还有高二时候的英语老师，是个五大三粗的男人。有次他讲课，讲到兴奋处，突然问一个成绩不是很好的女生G，你在班里最好的朋友是谁。她说是Z。英语老师竟然说了一句，Z学习那么好，她怎么会把你当好朋友呢。当时全班沉默，Z恰好是我的同桌，我很清楚地听到Z说了一句，"Sir，you are wrong"。事后，G和Z依旧每天都玩得很开心，但G再也没有叫过他一声老师。

从小父母就教育我们，对待他人要懂礼貌，但仅仅懂礼貌并不等于好教养。对待同事彬彬有礼的上班族，可能对餐厅里的服务员破口大骂；教育学生礼、忠、孝的老师，也可能会在课堂上对学生拳打脚踢、嘲笑怒骂。有时候我们自己都不曾察觉到的一言一行，早已把我们的教养暴露得淋漓尽致。

有人说，要想提高教养，应该多读书。可是，教养一定与读书有关吗？读一千本小说的人，不一定会对餐厅里上菜的服务员说一句"谢谢"；从上小学就开始背《三字经》的我们，也未必都是教养很好的人。

有一位外国朋友曾经对我说：你看过很多书，在书里经历过各种各样的人生，但哪一个才是你自己的人生？我认为，教养也是这么一回事。我们看到书上讲古人如何举止得体、言谈文明，我们未必接着就去学习古人。但如果我们亲自去街上发一次传单，下次遇到别人给我们传单时，我们一定不会像以前那样粗鲁地拒绝。

网上有个提问：陌生人的哪些事，让你感触很深？有人回答：有一次，地铁里，打翻牛奶，洒到了别人身上，赶紧赔不是。对方拿出纸巾把身上的牛奶擦干净，微笑地说没关系，没有一句斥责，然后就下车了。我突然想明白，一个人只有被温柔地对待过，才知道怎样温柔地对待别人。

人总是在一次次经历中反思，然后一步步成熟。尝过被偷的滋味，就选择不去偷窃他人的东西；尝过被朋友恶语中伤的滋味，就选择绝不去恶语中伤朋友；发现说脏话很low（格调低），就选择同人交流时使用文明语言；作为公司新人被公司老人欺负，就选择当自己成为公司老人时绝不欺负新来的人；尝过被人温柔以待，就选择以后也温柔以待他人……

你的经历给你反思，反思后，你的选择决定你成为怎样的人，成为怎样的人决定你有怎样的教养。单纯地读书，并不一定能给你带来多高的教养，因为理论终是要联系实际的，这也就是为什么有的人读了很多书以后依旧脏话连篇的原因。

读万卷书虽好，但也要扎根实际。多样的经历可以使你理解不同的生活，内心也变得慈悲起来。不需要刻意去表现自己的举止，你平日的一言一行都是反映你教养的名片。

要么旅行，要么读书，身体和灵魂，必须有一个在路上。人生就是一段路，或长或短，或弯或直。要么，让身体硬朗地行走；要么，让灵魂高贵地云游。你能触及的，无论是身体还是灵魂，都是一种阅历。旅行，亲历各种不同的风景；读书，领悟各种不同的人生。只要在路上，光阴就不是虚掷，幸福就会光临。

可能不是每个人最后都能实现梦想。但我相信，走过这段路自己一定不会留下遗憾。而勿忘初心坚持往前走，是不可缺少的理由。

别忘了最初的那股执念和坚持

之前有个同专业的小学弟问我：师兄，你的传媒之路，是怎么坚持到今天的？你以前有过想要放弃的念头吗？多吗？

我突然忍不住想笑。因为我看到了艺考之前几年的自己。譬如苦背文常、影评被毙、拍短片中途被喊停、石沉大海，譬如不知道自己该干些什么——喔，是否应该转行去做点别的事情，传媒这条路也许对我而言只是奢望吧？那时候，我也曾在心里无数次地想：不知道那些"熬出头"的传媒大咖们，是否也曾经有过这么艰难的时候？

遗憾的是，如果现在让我遇到几年前的自己，我依然无法回答那些问题。因为这5年来，我明明都没有那么笃定，那么了然于心。许多时候，我只是摸着石头过河，忐忑不安，局促惶恐。许多瞬间，我的脑子里都闪过"放弃吧"的想法，特别是在高考失利落榜的时候。

但每一次，都只是闪过。第二天或者过几天，我又会对自己说"明天又是新的一天"，只要太阳升起来，就还可以充满希望。所以，我只能跟那个学弟说一句我能给出的最诚恳的建议：做任何事情都会遇到瓶颈，但你不要放弃。勿忘初心，方得始终，该来的还都在路上。

聊到这里，我回想起艺考那年学巴乌应付才艺展示的经历。那年将近艺考的时候，有半个月，我学习巴乌。其实，我完全没有音乐天分，连乐谱都不识，兴趣也没有别人那么浓厚，脑子里对乐器演奏之类完全没有任何概念。

然而，当时一位巴乌老师说的话给我的印象实在太深刻了。

他说：学吹巴乌的过程中，起初大多数人都会遭遇到瓶颈期。本来觉得天天有进步的，但是突然有一天，就不会吹了，不知道该怎么吹一首完整的曲子……如果突破这个瓶颈期，会有突飞猛进的进步；若是突破不了，就不可能吹好一首曲子，再勤奋再努力，也只是在原地打转不会吹出一首完整的曲子，所以很多人就放弃了。

这么多年里，我觉得自己和周围的人一直在隐约验证着这个瓶颈理论——无论在学习还是在工作中，似乎都有这样的时候：在实现所谓梦想的过程中，总会遇到一段或长或短的瓶颈期——枯燥，无奈，感觉自己碌碌无为，纠结自己是否该继续走下去……但是有人还是突破了这个瓶颈，因为他做事情，始终如一地保持当初的信念，从来没有放弃。

大多数人是什么样子的呢？最后超过85%的人都放弃了吧，所谓的最初的梦想，都留在了伤感的记忆里。

所以，我们总是艳羡那些实现了梦想的人。我们羡慕他们，能过自己想过的生活，从事自己喜欢的工作，拥有自己喜欢的一切——他们是传说中实现了梦想的勇士。那么，为什么大部分人并没有实现梦想，只是"为了生活而生活"？

因为无法坚持，因为半途而废，因为忘了自己的初心。

可能过几年大学毕业，我们踏入社会时，都会满腔热血，一脸纯真，兴冲冲地朝着梦想飞奔。我们有热情、有梦想、有力量，以为自己会势如破竹不可阻挡。可是，一旦遇到瓶颈与挫折，有许多人就开始左顾右盼，心神不宁。这些半途而废的是大多数，还会给自己找个冠冕堂皇的理由——譬如梦想撞在坚硬的现实上破碎了，譬如总要养家糊口才能奢谈梦想啊……别再找理由了，你只是坚持不下去了，忘了当初为梦想执着的那股劲儿了，你就承认了吧。

倘若忘了自己起初的那股执着和坚持，人就会产生自我怀疑。在纠结彷徨之后，又开始为自己开脱，找个社会大众能够认同的理由，让自己"脱身"。这简直是一条不归路。梦想没实现，现实不甘心，一颗心总是吊在半空中——满腹遗憾，胸有怨气，晃晃悠悠，难以踏实。

我曾经犹豫彷徨，我曾经自我质疑，我曾经在高考后很长一段时间里，陷入梦想与现实的纠缠中不知如何是好。但是，即便经历了这些，我发现自己还是很热爱我的梦想，所以即便在最艰难的时候，不管最后结果如何，我都在如履薄冰地坚持，乐此不疲，因为它是我的梦，我的执着。

想想现在的起点让我不太满意，自己又不甘心如此。而机会总是留给早有准备的人，要想成功，自己做的要比比你起点高的人多很多。通过努力和机遇我有幸结识了一些带我的前辈们，参加大学生记者团，到武汉台、湖北台、国家级新闻官网学习，去了最想去的地方，也参与了新闻最前线的采访、编稿到节目播出，感触真的很多。最重要的还是这段路还很长，我还需要更多的付出和努力。成功的人定有他们成功的理由，但大多数还是由于他们的努力和向前的执着。

我们可能许多时候都会遇到艰难与挫折，觉得自己选择的这条路不好走，想要放弃，想要拐弯，想要……最初的兴奋与热情挥洒殆尽之后，剩下的是无休止的挫败感与痛苦、无奈与纠结。这时候，不妨放下那些好高骛远，放弃那些长篇大论，实现梦想并不是多么伟大而遥远的事情，不过就像是滴水穿石般的坚持，是透过一点一点最普通的积累才能够实现的。

路不好走？那就走慢一点。哪怕再慢，你也是在前行的，对不对？慢慢走，扎实而努力，不轻言放弃，选择了就头破血流地去试一试，不管结果如何，闯过去才有可能看到成功的彼岸。也许走到最后还是没有得到自己想要的东西，但生活有时候就是这样，有些事你尽了200%的努力，也可能不完美，最终也会化为泡影。当我们开始接受和适应这些的时候，我想也是开始真正地成熟了。

可能不是每个人最后都能实现梦想。但我相信，走过这段路自己一定不会留下遗憾。而勿忘初心坚持往前走，是不可缺少的理由。

20-30岁是人生最艰苦的一段岁月，承担着渐长的责任，拿着与工作量不匹配的薪水，艰难地权衡事业和感情，不情愿地建立人脉，好像这个不知所措的年纪一切都那么不尽如人意，但你总得撑下去，不要配不上自己的野心、也辜负了所受的苦难，不要只因一次挫败就迷失了最初想抵达的远方。

不要感谢那些打着为你好的旗号却只会给你泼冷水的人，他们不是密友，而是砒霜。如果你遇到了这样的人，请珍爱生命，尽量离他们远一点吧。不随便否定别人也是一种修养。

离那些喜欢泼冷水的人远一点

一天逛商场的时候，在某品牌服装店遇到两个女生，其中一个手里拿着一件大红色连衣裙跃跃欲试，店员正准备带女生去试衣间，另一个女生却不合时宜地插话道："穿红色很俗气的，而且和你的身形、皮肤一点也不搭，还是换一件吧。"

店员和女生都尴尬地沉默了几秒，而后我看到原本兴高采烈的女生默默地放下了手里的裙子，脸上的喜悦一扫而光，两个人去了另一家店。

我看了一眼那个失落的女生的背影，心里替她感到惋惜。

其实女孩只是比同伴稍微胖了一点，皮肤也不算太黑，穿那条裙子完全没问题，只怪另一个女生优越感太强了。

生活中这样的例子比比皆是，总有一种人，美其名曰是站在你的角度考虑为你着想，但是仔细想想，他们好像除了给你泼冷水就没有别的事情了。

大二的时候，我的同班同学琳子报了普通话考试，踩线过了二甲。小姑娘挺上进想冲一乙，于是在空间发了个说说。过了半天，说说的评论区爆炸了，绝大部分都是鼓励的话，只有一条犀利的评论夹在中间，来自我的另一个同班同学小A，琳子的老乡，我们班出了名的耿（毒）直（舌）

girl。小A说,整个年级都没几个过一乙的,你还是省省吧,万一到时候发挥失常连二甲都没过就太丢人了。

我不知道琳子看到这条评论的时候心里做何感想,只记得她后来报了一个普通话培训班,临近考试的时候每天早上都会跑到教学楼的顶楼练习发音和说话。第一次考试差了1.5分,琳子有些气馁,而小A又来泼冷水了:"我早就说过不要瞎折腾,还是知足吧,反正系里只要求过二甲就行。"

琳子没理会小A,继续报了普通话考试。大三的时候,琳子如愿拿到了普通话一乙证书,成了我们班第一个过一乙的人,作为土生土长的赣南客家妹子,能够取得这样的成绩真的很厉害了。

这一次,小A没有再说什么,只是幽幽地祝福了一下琳子。但是琳子却在那以后渐渐疏离了小A,琳子说:"我要的是一个在我失落的时候能支持我鼓励我的朋友,而不是只会给我泼冷水。"

我们需要说实话的朋友,但是并不是口无遮拦、只会给你传播负能量的那种朋友。真正为你考虑的人不会信口否定你,遇到问题,他会给你列举出好处和坏处,权衡利弊,最后让你自己做决定。

对于那些只会不痛不痒地说你不行的朋友,我只想说,请不要以朋友的名义绑架别人的自由。

朋友阿莫对此深有体会。

阿莫今年27岁,在闽南老家开餐馆。说起来阿莫接替父母搞餐饮还是挺可惜的一件事,阿莫毕业于厦门大学,学的计算机专业,毕业后在上海帮人写代码,后来和朋友合伙开游戏公司,无奈游戏公司最后倒闭了。

阿莫的大学室友CC是上海人,阿莫还在上海工作的时候,CC偶尔会约阿莫到家里吃饭。刚开始的时候,阿莫挺感动,但是后来就不愿意去了。

原因很简单,CC经常给阿莫泼冷水。

阿莫喜欢上一个女孩,还在犹豫要不要告白的时候,CC一听女孩是上海人立马劝阿莫死心:"上海人很排外的,就算女生愿意和你在一起,她爸妈肯定不同意。"

阿莫刚开游戏公司那会儿，CC跑到阿莫办公室参观，阿莫刚说完自己的运营计划，CC就未雨绸缪了："游戏公司风险很大，你们团队的人员数量又有限，难保以后不会遇到危机。"

后来阿莫的公司倒闭，CC约了阿莫去喝酒，几瓶酒下肚，CC又在碎碎念，阿莫一怒之下吼了CC一句："你能不能别老是给我说这些没用的废话？"

CC一句话也说不出来。

后来阿莫回了福建再也没有联系过CC，CC结婚的时候，阿莫也只是让其他室友帮他寄了一份礼。

阿莫说，那种只会打击你的朋友最好老死不相往来。

我刚开始写作的时候，也曾遭到别人的暴击。

那时候在简书上发布的文章屡次被首页拒稿，阅读和点赞数惨不忍睹。

在微信群里吐槽的时候，总能听到这样的声音：这是一个僧多粥少的平台，那么多大神已经霸占首页了，新人恐怕连队都排上；还是放弃吧，反正也赚不到钱出不了名；你应该多读一些书，先把文笔练好，以后再投稿肯定会更容易过的……

每次听到这样的声音心就像被针扎了一下又一下，不过越是如此，我越不想放弃。

赌气写了一个月后，有一篇文章突然在简书火了，而后又出现在微信、微博上。这个意外的惊喜改变了我的写作道路，短短几天便吸引了几万读者，网站运营也来找我签约，十几家出版社都来询问我有没有出书的计划。

现在我已经很少在那个群里说话，群里依然每天都有人在吐槽负能量，但是回应的人却越来越少。

物以类聚，人以群分。你所在的环境很大程度上决定了你的心情和格局。

和开朗自信的人在一起，你收获的是满满的正能量；和阴郁消沉的人在一起，你的心情也会被他的坏情绪影响。

不要感谢那些打着为你好的旗号却只会给你泼冷水的人，他们不是密友，而是砒霜。如果你遇到了这样的人，请珍爱生命，尽量离他们远一点吧。不随便否定别人也是一种修养。

你做得越对，背后说你的人就越多；你过得越好，背后讥讽你的人就越多；你变得越强，背后打击你的人就越多。但又有什么关系呢？只要我和家人、爱人每天都能幸福下去，这就足够了。发生在背后的事情，就算我都清楚地知道，也会清楚地"听不到"！——如果你讨厌我，我一点也不介意，我活着不是为了取悦你。

生活不是用来妥协的，你退缩得越多，能让你喘息的空间就越有限；日子不是用来将就的，你表现得越卑微，一些幸福的东西就会离你越远。在有些事中，无须把自己摆得太低，属于自己的，都要积极争取；在有些人面前，不必一而再地容忍，不能让别人践踏了你的底线。

你的不妥协会带来巨大的改变

　　常常有人问我，北京是一座怎样的城市？为什么快节奏、高消费、竞争激烈、压力大的北京，却吸引了无数的北漂？为什么经历了那么多挫折和磨难，我依然不放弃我的北京梦？大多时候我都会用多年前读过的一段话来回答他：有人说，无论你对北京爱也好，恨也罢，最终，你都选择了北京，这就是北京的魅力。

　　3年前我还没毕业，对北京的向往几乎全部来自大学时期读的那些职场小说。只记得书中提到北京，提到职场，一定会提到CBD大望路这个地方：高大的写字楼，装修考究的咖啡厅，行色匆匆却着装时尚的office lady（职场女性），无一不使我向往。于是一毕业，我便义无反顾地加入了北漂大军。那时候没钱没经验，只有一颗想要扎根北京的心。

　　还记得2012年年初刚来北京，我租住在北师大附近的部队大院里，没多久就过年了。过完年回来上班，我站在二炮医院和家属院之间的天桥上，望着来来往往的车辆，心里暗想：北京，我又回来了。并且，来了，就没想过再离开，未来一定会扎根这片热土，还要开出花来！

　　回想过去3年，印象最深的，不是刚来北京人生地不熟的情景，而是第二次搬家租住到西直门隔断间的那段日子。60多平方米的房子，被房东请人隔断成五间卧室，卫生间、厨房大家共用。在寸土寸金的二环，当时那只能放下一张床一个柜子就再没有任何空间的房间，租金也要700元，加上水、电、煤气费，每个月住宿开销在1000元左右，当时月薪还不到4000元。但有个好处是，我们公司就在附近，每天走着上班，和其他舍友的上下班时间隔开，也就免去了抢用厨房和卫生间的麻烦。

隔断间都是用石膏板隔开的，房间只有一个暗窗，所以一进门就要开灯，房间冬冷夏热。冬天还好，夏天闷热到一进屋就必须开电扇，不然就压抑到无法呼吸。我房间里放了一个上下铺，因为我和同学朋友都分散在北京各区，周末偶尔小聚，她们可以留宿。

没错，就是在这样一个小到两个人进去就无法转得开的房间里，在那个时候，我们依然可以一起做饭，一起卧床夜谈，一起做着我们的北京梦。

2013年我妈来北京看我，带她回住处的时候，真的很有一种冲动想要把她立马送回老家，不想她看到我当时的生活环境。还记得那天我故意走得很慢，想着如何跟她交代现在的生活。

终于我们还是到了楼下，上4楼，进门，我打开房间的门，很尴尬地说："妈，你随便坐。"其实当时那一小块空间，根本配不上"随便"这个词。

为了缓解我妈对我生活现状的担心和难过，我说你坐着看电影，我去做饭。20多分钟后，我便做好了三菜一汤，因为房间太小，我们只能在床上放了一张小桌子。只记得那天我妈吃了很多菜，并一直夸我长大了，能自己照顾自己了。但心里的滋味，或许只能自己体会。

后来因为一些原因，我换了住处，离公司近一小时的车程，但房间有30多平方米，床换成了双人床，衣服终于不必只能叠放在床下的行李箱里。我有了自己的柜子，还有写字台，以及独立的卫生间和厨房。再后来我还买了冰箱、洗衣机、烤箱和电压力锅，按照我自己的喜好，布置了房间，让住处不仅仅只是住处，而是越来越有了家的感觉。

2014年4月，因为一个偶然的机会，我转行进入了互联网行业。这次的办公地点，就坐落在CBD中心的高级写字楼里，也正是从那时候起，开始感到北漂生活越来越有意思，越来越有希望了。好像也是从那时候开始，各种机会的大门都陆续敞开了。

认识了很多行业内的人，接触了更多的行业知识，有了很多新的人脉和关系，圈子越来越大。又因为读书写字的兴趣爱好，认识了很多原创作者和出版社编辑，也为此又开辟了一条新的道路，更是增加了很多出版、开源的机会。

我曾在22岁的时候，羡慕北漂中月薪很高、生活质量也很高的人，后来慢慢成长，发现有些东西，只能靠经验积累、岁月沉淀，急不得。22岁就想要过上别人三四十岁才会有的生活，本身就是不现实的。而那些经验、高薪，随着努力，你会发现，最终，你想要的，时间都会给你。

2014年5月，我认识了当时的男朋友，很多时候都觉得北京就是这样一个神奇的地方，它给了你无限的可能，又在这无限的可能中，为你创造了无限的希望。那时候的我们都已经经历过恋爱和失恋，学会了理性看待问题，学会了包容和忍让。于是很快，我们便确定对方就是自己想要的那个人。我们不仅仅是恋人，也是朋友，是对方的镜子，交往过程中会指出对方的不足，互相改正。大概半年后，我们分别升职加薪，也在交往期间，买了属于自己的车，还买了一套过渡房。

我们对生活、对北京的梦想，似乎在随着我们的不断努力，慢慢实现着。交往一年后，我们领证了。我感到的不仅仅是爱情结果的喜悦，更是北漂生活终于有一个人会陪我一起走下去的开心和激动。我们有着相同的梦想，有着对未来共同的期许，并且我们都很努力。我想，在25岁这个年纪，再没有比这更值得庆幸的事情了。

今年是北漂第4年，之前的种种急于求成，都在这一年变得坦然、淡定起来。收入比起刚来北京的时候，早已翻倍，生活也随着月薪越来越高，变得有质感起来。想起这4年变化真大，如果问我，有没有什么东西没有变？我想就是那个想要扎根北京的梦，和那颗永远相信明天会更好、机会和希望都会越来越多的心吧。

3年前我除了梦想，一无所有；3年后我有了存款，有了底气，有了圈子，有了更多机会，有了别人抢不走的自信和能力。如果问我，回忆起过去的种种不容易，会感到心酸难过吗？我想不会，因为我现在的成绩，配得上过去的种种努力。正是因为我对青春和对梦想的不妥协、不放弃，才有了今天的成绩和生活。

　　未来的路还长，但我坚信，只要努力，梦想的实现，就在不远的前方。

　　总有一天，你会与那个对的人不期而遇。所谓的幸福，从来都是水到渠成的。它无法预测，更没有办法计算，你唯一能做的是：在遇见之前保持相信，在相遇之后寂静享用。宁可怀着有所期待的心等待下去，也不愿对岁月妥协，因为相信幸福也许会迟到，但不会缺席。

一个人经过不同程度的锻炼，就获得不同程度的修养，不同程度的收益。好比香料，捣得愈碎，磨得愈细，香味愈浓烈。我们曾如此渴望命运的波澜，到最后才发现，人生最曼妙的风景，竟是内心的淡定与从容；我们曾如此期盼外界的认可，到最后才知道，世界是自己的，与他人毫无关系。

你的气质来自你的修养

我有一个男性朋友，只要他一出现，我的视线就离不开他。

这个男生高高瘦瘦的，虽然不帅，但他的每一个动作都很吸引人，感觉少看一眼都是亏了。

我非常喜欢他给我递东西，真的很美，他的动作不快不慢，很自然就会吸引住人的眼球。

他的手很漂亮，看着都有一种莫名其妙想去握一下的冲动，因为他我成了一名名副其实的手控。

他除了手很漂亮之外，最重要的是做任何动作都是不急不慢的，用一个很美丽的词语形容就是——优雅。

可是他很阳刚，配合着他的动作，感觉他整个人散发出来一股暖气。

然后我观察了身边很多朋友的手，发现很多手很好看的人，很可惜的是他们的手都不美，举止间没有任何的美感。那怎么会吸引人呢？

回到我最迷恋的那个男生身上。久了之后，发现那种美感是因为慢。

现在满天飞的文章都在跟女孩子说要如何打扮好看，但是无论你打扮得再好看，姿态不美，再贵的衣服也只会显得你很廉价。

之前去参加了一个女作家的分享会，出场的时候发现，她很美，在时尚圈里工作过，也接触了娱乐圈，还差点做了歌手。

她的头发是中分的，长度到脖子处，她每一次撩开刘海的时候，动作都是轻轻的、慢慢的。

不自觉就会被这个动作吸引住。

动作里，就透出一股淡淡的修养美。

或者你还在追求各种名牌衣服、高端牌子的鞋子，只是，当你的姿态动作跟你穿的衣服的价格不般配的时候，那跟穿一件地摊货其实没什么区别。

有人把200块的衣服穿出了2000块的感觉，也有人把2000块的衣服穿出了20块的质感。

这种区别就是日常中的行为姿态。

温文尔雅的人，打扮得再朴素，也透出一股幽香。

粗粝暴躁的人，穿得再名贵，也只是穿了一身的钞票在身上而已。

当你开始对服装穿着有质感要求的时候，你开始对自己的行为姿态有要求了吗？

再贵的衣服都救不了一个姿态不正的人。

所谓的修养美其实说的就是气质，高贵有高贵的气质美，朴素有朴素的质感美。

我们聚会的时候，朋友带了另一个朋友来，聊起来也比较放得开。

聚会过后，朋友说她很会赚钱。月收入20万左右，靠的都是自己的本事。

然后就开始说到穿衣打扮问题。我印象中，女生穿了一条紧身的旗袍款短裙，如果没有记错包包是路易威登的，因为当时的确不怎么起眼。

衣服的质感、档次都不会是低端，只是有一点，让人真的看不出来她是出入高端场合的人。

她有一些驼背，虽然穿的是高跟鞋，但是没有挺胸，整个架势看起来像一朵缺了水分的花。

外加她走路的时候，脚步下地时有些重，感觉是在拖着高跟鞋走路一样。

从服装打扮上看出来，她喜欢买高端东西，但是从姿态形体看，她并没有让自己配得上这些名牌。

而这些衣服、包包、首饰，哪一样都衬托不出来她想要的质感。

活生生地给我上了一课。

我第一份兼职工作时，认识了一个纯朴的女生。

家在四五线城市，无论什么时候看到她，脸上总会是微微笑的。

她是那家咖啡厅里的一个服务员，我时不时会在那个咖啡厅里跑场。

这个女生的装扮都是很简单的，扎着一个马尾，有一双很漂亮的手，脚上永远都是帆布鞋。

长头发的女孩子都会有一个烦恼，就是当长头发不小心被风吹到脸上，妨碍着眼睛或者贴在了嘴边的时候，很多女生会立马就用手抓，手要是没有空的时候，有些人会用肩膀或者手肘去摩擦一下。

不过这个女孩不会这样，她手上如果拿着东西，她会先走到一边，把东西放下，然后再用修长的手指把头发撩一下，顺便把头发顺一顺。

她不会因为这些有点烦人的小细节而觉得着急，做事情会一直保持在她的节奏里面，不被旁人而左右。

我把这些称作修养美。

对于女孩子平时讨论到的一些香水、包包牌子，她不懂，但是等我们讨论完了之后，她会微笑着问我们，刚刚讨论的那个是什么。

她不会因为自己用的东西便宜而觉得卑微，有时候还会小小兴奋地跟我说这件衣服有点贵。

她的便装经常是牛仔裤、T恤，但是走路不急不躁，手里要么拿着手机，要么拿着一瓶水。

递东西的时候，她的手在哪个方向，总会引人忍不住往哪个方向去看。

气质美与服装的贵和便宜没有太大的关系，真正的美都表现在个人的行为上。

当你见多了穿名牌的人之后，你就会发现，其实人美不美和服装贵不贵没有太大的关系。

气质的美，对于本身就有姿态美的人会锦上添花，而对于不在乎姿态的人来说，其实也就是一件质量比较扎实的牌子货而已。

姑娘们，也许你正在很奋力地去追求一个你希望能买得起的名牌，但是在金钱上去接近的同时，个人的修养礼仪还有举止姿态，请也要和你的名牌相搭配。

多么不希望一个姑娘被别人在背后说配不上名牌货。

从小细节开始注意个人形态。

我特别敬仰那些舞蹈者。因为他们的身姿很美，举手投足都气质非凡。哪怕他们穿着很普通的服装，给人的质感也很好。在学校里，是不是舞蹈系的一眼就能看出来，走路的感觉完全不一样。挺拔的身姿和优雅的姿态。

我们曾经的形体老师就跟我们说过，你不是要去挑选衣服，而是用你的气质去穿衣服，如果你的气质好，体型姿态样样美，根本不会有挑选衣服的烦恼，只需要选择适合你的码数就可以了，有姿态美感的人，无论穿什么服装，都会透出他本有的气质。

反之，不注意形态的人，衣服多美，都没法给人带来美感。

说到这个，我想起了女神赫敏，一个既能浓妆艳抹又能素面朝天的女孩，无论什么装扮，都透出一种叫"赫敏"的美感。

也许赫敏这样的是稀罕的，但是让自己的动作慢一些，多注意自己的日常细节，其实你的气质也会提升一层的。

努力地追求，你总会有与名牌并肩的时候。只是，在你身上穿着香奈儿手上拿着路易威登的时候，请注意脚下走路的时候不要拖着你的鞋子，时刻抬头挺胸，不至于显得你那么掉价。

一个人的气质，并不在容颜和身材，而是所经历过的事情，是内在留下的印迹，令人深沉而安谧。所以，优雅不是装扮出来的，而是一种阅历的凝聚；淡然不是伪装出来的，而是一段人生的沉淀。时间会让一颗灵魂，变得越来越动人。控制自己的脾气，做一个有修养的人。

压低声音说话，不制造噪音，这是贵气之人的行为底线。

请调低你人生的音量

一个有教养的人无论嗓音如何，都一定知道在特定的场合尽量压低自己的声音以防打扰他人。

[压低声音，贵人风范]

梁文道在《常识》一书中发问："是什么让香港人在10年后让自己在餐桌前说话的音量降了下来？"

其原因无疑是源于香港人变得越来越富有，越来越文明，人均受教育的程度越来越高，加之社会长期地对公民进行教育的综合结果。

所以，别小觑了声音对人的贵气的影响，俗话说得好，"自古贵人声音低"。

因为重要的人物所谈论的内容，经常牵涉国家的机密、名人的隐私，因此压低声音自然是绝对必要的。

除此之外，贵人往往是些敏感聪明之人，相互交流，不费劲，更用不着大声地嚷。

[音量高≠实力强]

我曾参加过一次中国赴韩国的商业之旅，每到就餐时，队里一些男士就大声喧哗、碰杯和猜拳，肆无忌惮地大笑，引得当地就餐者侧目而视，然后投之以不屑的眼光。

我问同事："为什么你一到国外就大呼小叫的？我从来不认为你是这样的人啊。"

他说："我想让他们注意到我们中国人的自信、牛气和富有。"

我说："你错了，在这里大声说话不等于牛气，只是在显示我们没有修养。"

在今时今日，渴望令众人聚焦的"牛气"，早已不符合现代文明的审美意识。在公共场合下，刻意引起别人注意，是一种过时的魅力美学意识。

相反，在淑女和绅士文化中，最核心的理念就是自我管理和自我控制，目的就是不给别人带来麻烦和不便。

在任何一个有人群的地方，每个人都应有这样一种自觉，仿佛自己在参加一场无人指挥的团体操，不要当破坏整体和谐的那个特例人物。

[声音与社会属性]

如果一位农人在田里干活，从村这头到村那头，从山这头到山那头，从河此岸到河彼岸，要说什么事一定得扬声呼喊，否则可能别人听不到。

在大自然的环境里，无拘无束地大声说话，放声唱山歌，天真纯朴，与环境是相和谐的。

而在现代的都市环境，到处都人满为患，人们一方面时刻捍卫隐私，另一方面，也不愿做他人私事的无奈听众，因此压低声音说话是现代社会人人需要遵守的基本修养。

保罗福赛尔在《格调》一书中说："蓝先生夫妇常冲着对方大喊大叫，声音穿过所有的房间，而白先生一家总是控制着自己的音量，有时声音小到互相听不见 。"

这里的蓝先生和白先生喻指蓝领和白领，他用音量来剖析阶层的差异性。

一位清华大学的教授也如是告诉我，他住在清华教授的宿舍里时，几年听不到人和人之间高声说话或夫妻吵架的声音，而搬进了民房公寓后他震惊地发现，每天都能听到有人在大声说话和歇斯底里地争吵。

[难忘的安静]

2000年悉尼奥林匹克运动会时，我曾在现场一睹盛况，在悉尼奥运村，几十万人从赛场走向进城的地铁。

一路上，一列列队伍在志愿者的带领下整齐划一地前行，除了不断发出的雄壮的口号和歌声，以及走路时人们衣服摩擦的声音，其余一切都是静悄悄的。

而这些人是来自澳大利亚的观众和世界各国的旅游者。当到达地铁站时，几万人安静得鸦雀无声。

因为每个人都知道，声音一多，队伍就乱，队伍一乱，就会出现踩踏事件。在半个小时内，几十万人安静而有序地被疏散，天天如此。

参加这次奥运会，对我来说，看到这样的人群素质比目睹为冠军升国旗的时刻更让我难忘，几乎成为一生中最刻骨铭心的人生经历。

[不做公共场合的噪音制造者]

也许你也有过这样的观察和体验：在公共场合中，如飞机上、音乐厅、电梯、酒店、商店，越是安静的地方，往往越是高雅的地方。

比如高档餐厅弥漫着轻柔的音乐，灯光柔和朦胧，人们都自觉地压低声音交谈和推杯换盏，此时，雅人，美食，淡光，柔声，成为一种情调交响曲。

或许，经历了太多年的狂飙突进式的时代，让我们的耳朵不再对噪音敏感，太多的大呼小叫、鞭炮齐鸣、高音喇叭声，声嘶力竭的卡拉OK，钝化了我们曾经敏感的耳朵，让我们听不到啁啾的鸟鸣，草叶中的虫鸣，潺潺的流水和风过松涛声，甚至不再习惯恋爱中的轻声呢喃，你侬我侬。

我们习惯了在公共场合放着震耳欲聋的流行歌曲，肆无忌惮地大声说话和呼唤他人制造噪音，这无疑是对他人的感受不尊重的表现，是对公共空间的侵犯。

请记住，在公共场合，或办公机构，或任何铺有白色餐桌布的地方，切记不能大呼小叫。如果你希望彻底放松，或肆无忌惮地发泄情绪，包间是你最好的选择。

[手机中的声音修养]

另外，对于手机的应用方式在今天也堪称考验人的贵气的试金石，是选择轻柔的古典音乐或轻音乐还是声嘶力竭的流行歌曲当铃声，是贵气之人非常在意的小小细节。

在有亲朋好友在场时，无论是聊天吃饭、旅游还是出行，请不要当着其他人玩手机和煲电话粥。当你这样做的时候，你就是下意识地说："你们在座的人对我来说不重要！"

另外过分关注手机也显示了你信息来源的匮乏。其实手机里的信息基本上是极为大众化的内容，你对手机的钟情至少暴露了你生活品质的乏味和信息来源的平民化。

请你更不要当众用手机大谈买卖，这会让周围的人知道你的商务隐私，还可能让人误以为你是在显摆经济实力。

做大生意的人，不会有在公共场合中肆意用手机谈金钱的习惯，如有重要公务电话要接打，也要事先与正在会面的人打招呼："对不起，我今天不能关机，因为我有点急事需要处理。"

然后在来电时，去比较私密的地方接。

身为都市人，尤其需要注意在公共交通场所，请不要旁若无人地高声说话或打电话。

因为，可能有很多人正在休息、处理工作，或在电讯设备上看节目，不要让你的随意造成他人的不便，不要让你的声音暴露了你缺乏教养。

压低声音说话，不制造噪音，这是贵气之人的行为底线。

理解你所不能理解的是学习，接受你所不能接受的是成长，承认你所不能承认的是接纳，忘记你所不能忘记的是放下。人生就是不断去学习，有成长，懂接纳，会放下。

世间最可怕的是什么样的人？小人？坏人？都不是，世间最可怕的是无明的人。所谓的无明，是你没有觉察自己是无知的，甚至相信自己是对的，听不进去别人的苦劝，而且还把自己的妄想付诸行动，害人害己。在人际关系上，先让自己保持觉知吧！

人际交往上，缺什么都不能缺了自知之明

当我觉醒后，我才发现，世间最可怕的人，不是小人，也不是坏人，而是无明的人。

我有位女性朋友，才结婚几个月就离婚，原因是她不想看别人的脸色过生活。她说，婚后先生就去上班，算是高收入的主管阶级，她在家闲着无聊，偶尔去逛街购物刷卡，也不过十几万元，她先生看了刷卡单，说要限制她的额度。她一气之下，就把卡丢到先生脸上，说自己要去上班赚钱，然后自己去办卡，去购物，去过自己的生活，再也不要看人家的脸色。

我问她先生一个月的薪水多少，她很得意地说不多，大约只有十万元。

我听了她的回答，内心开始为她的人生感到遗憾。

因为，从客观的角度来看，她的先生不是个小气的坏蛋，而且也应该是个能包容的人；相对的，她的冲动，反而是结束两人缘分的关键。

尤其，当一个男人当到了主管级，虽然赚的钱不算少，但工作的压力想必也是很大的，相信他也是怕老婆担心，才没有让她知道工作上的辛苦，结果，她反而不知惜福，还觉得他的薪水太少。

像她这种活在"无明"中的人，老实说，我们身边就一大堆。

我的邻居是一位老实人，但自从被公司裁员失业后，就一直意志消沉，赋闲在家。他们家每月的开销，包括房贷和小孩子的学费，都由他老婆在餐厅当会计，一肩扛起来。

虽然大家都很热心，帮这位邻居介绍工作，但他总是做不了几天，就不想上班。后来，他开始去和人家赌博，一开始小赚一点钱，后来一输再输，连孩子的学费和生活费，也都拿去赌。

因此，我经常可以在半夜听到他们夫妻在吵架。后来，两人吵到门外，惊动里长，这位失业的邻居还请里长和我们这些住户来评理。

他的意思是，他也是为这个家好，才会想去翻本，并不是他爱赌，而且他已经摸到赌钱的秘诀，只要再给他一点赌本，他会赢很多钱回来养家。

然而，他老婆却哭着说，家里的钱早就被拿光了，现在身上的一点钱，也是去娘家借来的，再拿走，小孩子要吃什么？

里长和住户们听了，都说是邻居不对，邻居一气之下离家出走。

后来，听说他欠了地下钱庄很多钱，从此就没有再回到这个家。

无知，人皆有之，只要你承认自己的无知，并不会危害他人。然而，无明就是很恐怖的东西。

知人者智，自知者明。所谓的无明，是你没有觉察自己是无知的，甚至相信自己是对的，听不进去别人的苦劝，而且还把自己的妄想付诸行动，害人害己。

因此，无明的人，是最可怕的，尤其这个人，是你的亲人或有共同利害关系的人。

据说，我老家乡下有一位大地主，生了3个女儿，这3个姐妹感情非常好，即使上学或回家读书和睡觉，都在一起，不愿分开，在乡里间成为佳话。

然而，三姐妹长大各自嫁人后，大姐和二姐两家人仍是住在一起，感情和以前一样好，只有小妹嫁到远地，嫁给了一个生意人。

没过几年，小妹的先生似乎生意不顺，负债累累。有一天，小妹回家来，要求父母提前把家产分一分，父母听了差点昏倒，大姐二姐也骂小妹不孝，但小妹又哭又闹说自己本来就应该拿家产，现在她缺钱，提前拿有什么不对？

父母拗不过她，最后答应把家里的田产和不动产，分了三份。

小妹又哭闹起来，说应该分成四份，她拿两份，因为大姐二姐都没有负债，先生又都赚钱有积蓄，她的老公负债累累，难道全家人都对她见死不救？不怕她老来没有依靠？

大姐二姐听了很难过，她们并非在意那些家产，而是心寒小妹何时变得如此现实自私，又不讲道理。

然而，小妹仗着父母宠爱她，哭闹之外又绝食抗议，大家只好依了她。

小妹拿走了家产后，大姐二姐也开始疏远她，渐渐地和她形同陌路。可以说，她为了家产，斩断了和家人的情分。

人与人之间的缘分，是深或浅，长或短，是会变成善缘或恶缘，全由无明的一方决定。

我的一位高中同学，是经营健康食品的。

有一天，他来找我借钱，说周转上有急用。我为了减轻他的心理负担，就说干脆买他的健康食品来吃，让他有收入。

然而，他似乎以为我很有钱，每隔几天，又抱一堆新的产品，来向我推销，说吃了对身体哪里好，有帮助。我心想他可能又缺钱，于是又向他买了一堆。同时，向他暗示，我自己的收入也不高，而且家里的健康食品，也已经堆成一座山了，几年也吃不完，可以暂时不要进货了。

他笑着说他懂这道理，我心想他应有自知之明，不会再来了。

想不到，才隔了一个礼拜，他又抱着一堆什么国外最新进口的产品，硬要我买下，而且为了感谢我的支持，除了打折外，钱可以先欠着，等我日后手头方便了，再来向我收。

我听了，心里为他感到遗憾。我很清楚，这一次，我跟他的缘分真的尽了。我开门见山地告诉他，不应该把我当呆子，把我的真心帮忙，当成是冤大头。他听了气得涨红了脸，胡言乱语把我数落一顿就走了。从此，两人再没有联络。

人跟人，是否能做朋友，或是成为仇家，不是靠缘分，往往是由无明的一方决定的。

如果你在人际关系上，也有和我同样的感慨和无奈，就先让自己保持觉知吧！或许，在某些人眼里，我们就是那个"无明的人"。

晒幸福是件危险的事，可惜很多人不明白。你觉得你幸福，别人就认可你的幸福吗？你希望分享内心的喜悦，得到很多人的祝福，可惜你不明白，以人性而言，自己的痛苦再小，对自己都是大事；别人的幸福再大，对自己也是小事。你幸福，自知就好。

问题出现的那一瞬间，一定要控制好情绪，不要发火，不要偏激，不要说出什么过激的话，要懂得忍耐。忍耐不是为了让你不去处理这件事情，而是为了避免在情绪失控的情况下，干出什么让自己丢脸的事情。以后你就会知道，生活中真的没有几件事情是值得我们搭上礼貌、教养、人品和格局的。

生气的时候最能看出一个人的人品

几年前，公司一尾盘售楼处请了钟点工阿姨打扫卫生。阿姨每天见人都笑嘻嘻的，做事也挺利索，大家都感觉不错。

半年后，楼盘售罄，不再需要钟点工了。考虑到阿姨活儿干得不错，家境也一般，善良的案场经理特地跟公司打报告，申请多给阿姨发一个月的工资，公司核准了。

谁知，阿姨在被辞的第二天就杀到售楼处，找到案场经理，一反常态，气势汹汹地要求马上支付补偿。

案场经理跟她反复解释说已经申请下来了，财务结款有流程，请她放心回去静待几日，以前的钟点费用也一直是这么结算的。

也不知道阿姨哪来的冲天怒气，铁青着脸在售楼处破口大骂，什么经理忽悠她，这家公司太黑心，欺负她这个可怜的钟点工……

相隔一日，阿姨前后的反差让人目瞪口呆。哎，还是生气时最能看出一个人最真实的样子。

员工觉得阿姨这次过分了，建议经理请保安把她轰出去。这次经理没再说什么，打开钱包，自行掏给阿姨一个月的工资，息事宁人了。

望着阿姨拿着钱离去的背影，不由让人想起一句话：夏虫不可语冰。

无论男女，无论老幼，无论强弱，蛮不讲理总是不招人待见的。

想起另一件往事。

A和B是同事，平日关系不错，经常一起吃饭。

某日，因为工作上的纠纷，一向温文尔雅的B跑到A的办公桌前，面目狰狞，一口一个TMD，开始用语言攻击A。

面对B的暴躁，A说，你真是很奇怪。然后合上电脑，默默离开了工位。

B失去了发泄的目标，在众目睽睽之下讪讪地走开了。直到今天对A恨意难消，在许多场合，B都是A的"绯闻劣迹"的义务宣传员。

而A却始终没有和B较劲，只是此后和B保持着礼貌而安全的距离，一如既往地按自己的节奏做自己的事情。

A后来被猎头高薪推荐去了一家大公司，职位也提升了一大步。B还在原地踏步，没有晋升的迹象。

其实，工作中有争论是再正常不过的事，B把它弄成了低质量的公开盛怒和私下揭短，暴露了他平日深藏的本性，伤害的是他自己的品牌。而A通过这些，庆幸看出了B的人品，及时远离。

人要讲道理，不是你将嗓门提高几个分贝，一脸凶神恶煞的样子就能让别人服你；也不是你反唇相讥，怒揭对方历史就能掩盖住你的过错。

越是猥琐无能之辈，越爱做道德的评判师，越爱用指责和爆料来展示自己的"神勇"，隐藏自己的自私、懦弱和无能。其实，你不是厉害是傻。

品行端正之人，从来不会利用他人的过失来粉饰自己的行为，更不会对身边最亲近的人冷嘲热讽，满嘴说伤人的话。

厉害的人，大多不会去和傻子争论，他们更在意自己的时间、精力和机会成本。黄子佼说过，你花一秒钟去辩论，不如花一秒钟去充实自己。

自媒体时代，你随手打开一个热点网页，就会很容易看到，来自天南地北的网友的谩骂声络绎不绝。

在网络上就是会有这么一群人，平时工作和生活中完全是正常的样子，一到网络上就变得情绪特别充沛。

很多人内心住着两个自己，两个完全不同的人。感动的时候会感动得眼泪鼻涕一把抓，生气的时候恨不得把你祖宗十八代都骂一遍。而且奇怪的是，这两种模式他们可以无缝切换，不需要任何的过渡。

很难说这是互联网的问题还是人的问题，或许就是两个维度交集在一起后的产物。

想来想去，才发现，无非是网络社区的匿名性，使得他们在网络中的行为不受社会公序良俗的制约，更不用为自己的言论负责。

开骂的成本太低，即便得罪人也不会受到什么损失，所以他的本性就彻底暴露了出来。

要是在现实中，敢开骂分分钟现实会教你怎么做人。所以网络暴力出现的概率远远要大于现实生活。

然而，你在网络上的言论，将是你一生难以抹去的印记。人要有敬畏之心，人在做，天在看，要积口德，勿造口业。

有人说，如果你不太清楚一个人是否适合做你的朋友，那就跟他吵一架吧，看看他生气的时候是什么模样。

诚然，一个人盛怒或者自己利益受损时的反应，最能看出他的人品。人品是检验一段感情质量高低的标准，而发怒，是检验一个人人品的试金石。

然而要等到对方盛怒时才看清楚对方的人品，代价有点大了。还有一个方法，看一个人的底牌，要看他身边的好友。

物以类聚，人以群分，朋友不一定会止于距离，但一定会止于差距。

性格写在脸上；人品刻在眼里；生活方式显现在身材上；情绪起伏表露于声音；家教看站姿；审美看衣服；层次看鞋子；投不投缘，吃一顿饭就能知道。

CHAPTER

抱怨是没有
任何意义的

每个人都有潜在的能量，
只是很容易被习惯所掩盖，
被时间所迷离，被惰性所消磨。
任何的限制，都是从自己的内心开始的。
忘掉失败，不过要牢记失败中的教训。

与其说是别人让你痛苦，
不如说自己的修养不够。

有些压力总是得自己扛过去，说出来就成了充满负能量的抱怨。寻求安慰也无济于事，还徒增了别人的烦恼。而当你独自走过艰难险阻，一定会感激当初一声不吭咬牙坚持着的自己。

抱怨毫无意义，现实才不会因此而有所改变

10年前，我研究生毕业，在重庆一所大学教书，每月到手的工资1000出头。那时候我刚结婚，妻子还在读研究生，这点工资两个人花，捉襟见肘，每个月等着发工资——再不发就要断粮了！有时候我们会在校门口吃盒饭，五块钱一份，免费添米饭。每次都是打一份饭后，妻子先吃，给我留下一半的菜，我再去添米饭接着吃，这样就可以省下5块钱。

那时候住在老式的学生宿舍楼里，每人一个通间，每层楼只有一个公厕，单数楼层是男厕，双数楼层是女厕。我住在六层，每次都要下楼去上厕所，到了冬天尤其痛苦。当时最迫切的希望，就是能有个有厕所的房间——还能有个厨房就更完美了。

学校旁边开发了一个小区，我们去看了那种单间配套的户型，首付只要两万块钱，但对于当时的我们而言，简直是一笔巨款。我们不愿向家里开口要钱，因为父母为支撑我们上大学已经竭尽全力，实在不忍心再"啃老"。

2005年的夏天，我和同事们去新校区集中批改期末试卷，学校安排住在有空调的招待所里。

回来后妻子告诉我，顶层的宿舍遭暴晒后实在太热，晚上根本无法入睡，她只好睡在地上，旁边放一盆水，热醒了就浇点水在自己身上，这样就可以睡一小会儿，再热醒后接着浇。我听后非常难受，一个男人连台空

调都买不起，让老婆受这样的苦，真是太不应该了。那时候就下定决心，一定要解决物质上的困窘状态，让自己所爱的人过得幸福。

2006年，我去北京进修和考博，妻子也来京实习，从此开始了两人为期6年的北漂生涯。刚开始一穷二白。没钱租房子，就托同学的关系，分别住在学校的男女生宿舍。

每天妻子下班之后，才能一起在学校食堂吃饭碰碰头。她工作很努力，后来留在了实习单位，工资高出我一大截，但是也十分辛苦，一个月中差不多有半个月在外出差，最长的一次连续出差47天。那时候她研究生还没有毕业，下班后还得见缝插针地写硕士论文，连论文答辩都是当天从出差的地方赶回学校，答辩完当天又走了。我则一边完成学业，一边在北京一些民办大学当老师挣点课时费，时常从东五环跑到北六环外，真是披星戴月。

这样忙碌了两年，终于有了点积蓄，看到了首付的希望。谁知天有不测风云，岳母突然病重住院，怀疑是癌症。这个消息犹如晴天霹雳。我们决定把积蓄先拿来给妈妈治病，买房的事推后。

此后，妻子工作更努力，人也迅速成熟起来。她对我说，当一辈子要强的爸爸打电话过来告诉她这个消息，并且在电话里忍不住抽泣的时候，她从未像那一刻那样深深感受到自己的责任。好在后来确诊妈妈不是癌症，但需要动一个很大的手术。

那段时间我们就拼命干活挣钱。我们相互扶持，走过了这段艰难期。等扛到妈妈出院，我们又囊中空空了。

岳父母现在还健康地和我们生活在一起，这比什么都强。而且经过这次考验，我们的感情更深了，对前途更有勇气和信心了。

我博士毕业之后，除了在重庆的高校教书之外，还在北京找了一份兼职，每周往返于京渝两地，常常是北京的事情刚干完，马上奔赴机场回重庆，第二天还有课呢！基本上天天都熬夜。最夸张的一周，我周四北京下班后回重庆，晚上熬到周五凌晨四点，早上八点起来，一天讲了八节课。周六清晨的航班回北京，家都没回，从机场直接去高铁站，接着到外地出差……那真是燃烧生命的两年。

我深知，像自己这样没有任何背景的人，要想拥有更好的生活，就只能靠自己去拼搏。

以我的体会，只要你肯拼，这个世界还是愿意给你机会的。妻子也在这两年间继续奋进，并升职、加薪。如此玩命的努力之下，我们终于解决了物质上的困窘，房和车都有了，也有一点小小的积蓄。但代价是，我们基本没有假期，没有业余生活，身体频频发出透支的信号，一直都没能要上孩子。

我们越来越怀念以前的日子，那时虽然穷，但过得很轻松，也很开心。重庆的宿舍虽然简陋，但是它的窗户后面有一片山景，我们常常俯在那儿看着景色，聊天，幻想。刚来北京时，两人在校园里散步，有时候会"奢侈"地买一个西瓜，切成两半，每人拿一个勺子挖着吃，边吃边看大妈们跳广场舞，乐不可支。

我们决定回重庆休整。为了实现长久以来的田园梦想，我们在离学校30公里的乡下租了一栋农民的房子，旁边附带有菜地、果树。说来也怪，刚回重庆妻子就怀孕了，现在女儿已经一岁半，非常可爱。我们一家五口，大部分时间在乡下，偶尔去一趟城里。

今年差不多休整完毕，也该准备再起航了，还有雄心勃勃的计划等着我们去完成呢。有人常常抱怨这个社会不公平，但是抱怨改变不了坚硬的现实。真正能改变自己的境遇也改变社会的，只有自己的斗志和双手。与其坐而"喷"，不如起而行。

写到这儿，我想起了"知乎"上的一段问答。有人问："我是大四学生，最近接触到一些阴暗面、潜规则、富二代，发现太多东西已经输在起跑线上，失去奋斗的动力怎么办？"被顶得最多的一个回答是："你爷爷不努力，你老爸不努力，你知道来发这个帖子。你再不努力，你儿子你孙子还要来发这个帖子。"

心情再差你可以写在脸上，工作再累你可以抱怨，生命再短你可以随意作践，生活再苦你可以失去信念，前行再难你可以踯躅不前，但是前提你必须知道：没有人喜欢看你的臭脸，没有人无条件替你干活儿，没有人为你的健康买单。美好将在明天，自己的选择，跪着也要走完。每个人都累，不是只有你一个而已。

你已经坚持走了这么远，不要轻易放弃。要生活得漂亮，需要付出极大忍耐，一不抱怨，二不解释。忘掉所有那些"不可能"的借口，去坚持那一个"可能"的理由。

除了抱怨生活不如意，你还会做些什么

几个十分要好的同事吃完饭聊天，本来很开心。

突然有人问："你工资多少？"

"14K……"

被问者显得有些拘谨，尽管不太愿意聊这个话题，但见对方是新人，一脸真诚的样子，半推半就还是说了。

围观者惊呼。随即彼此及熟识的人就工作侃侃而谈，福利怎么样，年终奖怎么样，未来前景怎么样……兜了一圈发现任何一项都不如别的公司。总而言之：我们公司最烂。

而后各自陷入沉默。

刚毕业那年，我也对别人的工资充满好奇。

最主要的原因是自己工资太低。每个月除了房租与饭钱所剩无几，买任何东西都会不由自主地考虑一个问题：这个月钱够不够用？

与此同时，基本上每天都加班到晚上七八点，再坐公车回家，钻进楼下的快餐店吃个饭就十点半了。连看电影都提不起兴趣，倒头就睡。

同部门的老员工常对我呼来唤去，一些"无主"的任务就像认干爹一样被摊派到我身上。那时，我觉得我是这个部门最忙的人，强烈地觉得自己的付出与回报不相匹配。

每次慌慌张张地进出办公室，都能看见那些慢悠悠泡花茶的，嚼着口香糖整理桌面的，高跷二郎腿叼着烟玩鼠标的……心中升起一股淡淡的戾气。

有天中午吃饭，我有意无意地问了一位同事关于工资的事。这个男孩比我早来两个月，尽管不是一个组的，但因为我们都喜欢打球，所以工作之余接触比较频繁。

结果自然是我很不开心。

不仅因为他工资比我高，问题的关键在于他比我还低一届，只是个实习生。进而我认为公司在待遇上是不公平的。你要说他做的事情比我的重要，或者他的才能完全在我之上的话，我心服口服。但好像也没有啊，从我和他对接的工作上看，他所做的事情我一样能做。

不过，我从未在公开场合表露过我的不满。

其实，那时的我喜欢刷空间。傍晚的红色夕阳，清晨绿色的人行道树，一有啥鸡毛蒜皮的事情都要在空间里感慨一下。但关于工作的事情，我绝口不提。偶尔提到，也仅仅只是表达一下今天很累，鼓励自己坚持，云云。

我认真地分析了一下，自己做的事情虽然很多、很杂，但确确实实不够重要。一个公司为什么要在不重要的岗位上耗费更多的人力成本呢？除非你成为更重要的人，做更重要的事。

一想到这儿，我也就不那么愤懑了。

依然每天上班下班，极少迟到，尽最大的努力完成手头的每一个任务。基本上每个月都能拿到100块的全勤奖，甚至还有一次被提名优秀员工，虽然最后没能"晋级"，却也让我高兴了一阵。

起码，我的努力有人在看。

在我转正后的第二个月，月中发工资的时候我发现卡上钱竟然多了1000块。1000块钱，至少房租解决了，心里的高兴自不必说。

第一次有些疑惑，是不是财务搞错了。但接下来的每个月也是按这个标准发的，也就习以为常了。偌大一个公司，扣钱不通知也就算了，连加工资也不说一声，也是醉了。

这就更加印证了我之前的想法是对的：要想拿更高的薪水，那就让自己成为更重要的人，去做更重要的事。

但后来的经历并未如我所愿。

因为，在一个体系庞大的公司里，一旦你被固定在某个岗位上，那么你所接触到的大多数事情都是与岗位相关的，尤其是辅助性岗位，它或许不可或缺，却永远不可能占据主导地位。

因而，在"做更重要的事"的路上，我受挫了。

一年之后，我选择了离开。

当我立志成为一个"更重要的人"以后，我就不那么在意几百块的差距了。

我知道自己还有很多需要去弥补的地方，而我的工作又恰好能够补足我的短板，而不至于让我过于窘迫，还有什么好抱怨的呢？

关键是，我知道抱怨没有用，所以也就不做无用功了。

就像从前的我，喜欢对国家大事高谈阔论。随着年龄的增长，我渐渐发现并接受普通民众的意见建议形同"空屁"的事实，也就失去了评头论足的兴致。这是一样的道理。

因为你不重要，所以你说的话也不重要。

再说一个例子。我接触到的一位创业者，当年开干的时候，四处找钱都遭冷眼，申请一个政府补贴项目被排除，后来死撑硬扛坚持了下来，如今投资人追着给他钱，上个月政府主动找上门，给他补贴500万。一时间，他的项目成了本市着力扶持的优秀创业典范。

世事就是这样，你想要的，软磨硬泡求而不得；你不需要的，生拉硬扯强塞给你。一方面确实是因为你变得更重要了，另一方面，其实是因为你有了更大的用处。

我并不是想怂恿你用理想麻痹自己，说钱不重要、工资不重要。

你这么辛苦地工作，不就是为了工资、为了钱吗？我们都需要用钱养活自己。但是，在你人生中的很长一段时间，你必须承认，你并不具备让自己活得逍遥自在、挥金如土的能力。当然，富二代例外。

别人工资比你高，那是因为别人学校比你好啊；别人工资比你高，那是因为别人有技术有本事啊；别人工资比你高，那是因为别人做事优秀啊；别人工资比你高，那是因为别人会讨老板欢心啊……你有什么？

你只会对着电脑刷微博，刷完微博打开手机刷朋友圈，刷完朋友圈去休息区蹭点下午茶，吃饱了发现微信群里老板交代了个任务赶紧回个"好的"，磨磨蹭蹭处理完又不知所措了……

就这样，每份工作干个一年半载换一家公司。干的事情差不多，牢骚从来没断过。

你抱怨生活不如意的同时却没付诸行动去改变，你想获得更多的优待和报酬，凭什么？

一位前辈告诉我说，他在工作的6年中，从来没向老板提过加薪的事。但整个部门里，数他的工资涨得最快。每次都是老板主动找他谈话，要给他提薪。第七年的时候，他毅然决定辞职创业。老板极力挽留，就是开出工资翻倍的条件，他还是辞职了。因为他觉得自己可以不用靠打工维持生活了。他要让别人为他打工。

从薪水的角度讲，他一直是同龄人中的翘楚。但他从不在朋友间谈论工资的事。他说："为什么要去谈这个伤人的话题呢？他工资比你高，你不开心；你工资比他高，他不开心。你不开心了，他也没法开心；他不开心了，你也没法开心。大家都不提，皆大欢喜，不好吗？"

想想也是。

别人的工资多少，你知道了又怎样？老板又不会根据别人的工资来确定你的工资。需要根据别人的情况来确定的，是"最低工资标准"。毕竟，一个公司是根据岗位来定薪的，既然工资低，那就选一个薪水更高的岗位呗。

如果不能有更好的岗位，那是不是应该让自己再"深造"一下？就是买本书先充充电，也不错啊。相信到一定火候，你一定能够胜任薪水更丰厚的岗位。但在此之前，是不是要把手头的工作先做好呢？

毕竟，抱怨没用，知道了别人的工资也没用。

如果你真的做得很好，工资却不见涨，那么，你大可以离开这个公司，因为这不是你的问题，是公司的问题；如果你做得确实很烂，工资也不见涨，那么，没开掉你就是你的幸运，因为这不是公司的问题，是你的问题。

当你修炼成佛了，你不满足于自己的小庙，那去大庙啊。眼神好的住持一定会给你一个更尊贵的位置的。而如果你只是一个小和尚，那么还是省省吧，练功才是现在你迫切该去做的事情。

我们肯定都曾抱怨校园，课业繁重，老师很烦，同学很烦，读书很烦；抱怨上班很烦，薪水太低，领导太讨厌，工作太辛苦。可是，没有书读、没有工作，生活不是更难吗？读书、工作、赚钱都是为了我们自己，所以不要抱怨生活。

我不想再浑浑噩噩地度过每一天了。我的梦想换了一箩筐，却从未付诸过努力，在空想中挥霍着生活，整天无所事事一事无成，今天的事情推到明天，明天推到后天。我不能再这样下去了，我不想以后拿点死工资抱怨生活、后悔曾经。我要去梦去想去努力去奋斗，不让未来的自己后悔，为自己的明天拼搏。

和忙比起来，成长才是更重要的事情

　　这段时间我比较忙，除了每天固定地工作3小时，还拿出很多时间来做培训。整整两个月，我没有休息过一天，每一天的时间都很紧张。

　　可以说，写作至今，这是我最忙的几个月。

　　本来打算要写一个长篇的，可是整整3个月过去了，还一个字都没写。每次想写的时候，总被各种各样的事打扰，时间一次次被挤占。

　　有段时间我对自己说，算了吧，反正不写长篇我也饿不死，干脆就不写算了。而且长篇那么耗时间，收益说不定还不如我写短文呢。我现在这么忙，不如先不管它。

　　理由多么充足啊。

　　就算前面的两点是借口，后一点确实是现实存在的困难啊。我都这么忙了，干吗还要拼命地勉强自己，给自己加更多的任务？

　　我忙说明我已经很努力了呀。就算放弃一样东西，也不会有愧疚感的。

　　然后我就真的很长一段时间把长篇这件事情抛到了一边，只专心忙公众号，忙培训，忙写短文。

后来跟朋友聊天，告诉她我的打算。

她一听，坚决摇头："不行，不管多忙，你都得写长篇，这是你自己曾经说过的，一个写作者，必须以作品说话。"

这话我确实说过，对于一个写作者来说，唯有作品是永久的，名和利都只是作品的赠品，没有作品做基础，这一切都会成为浮云。

可是现在，我居然以忙为借口，打算放弃搭建根基，放弃在长篇这个领域成长的机会。

当我决定必须把长篇列入日程上时，忽然发现我的忙其实是可以被戳穿的。

以前忙着刷微信，现在不刷了。

以前忙着和人聊天，现在不聊了。

以前忙着和人攀比数据，现在不比了。

以前太随意，现在重新每天写计划。

以前效率不够高，现在专心致志提高效率。

以前碎片时间浪费了，现在重新捡起来。

这样一调整，每天至少有两个小时的完整时间可以留给长篇。这个时间不算多，但也足够了。

只要不找借口，我们总能为自己想做的事争取时间。

之前上班时遇到过一位同事。

很优秀的一个女孩，是某核心部门的文员。

因为工作交集，偶尔会到她办公室去。每次去，她喊得最多的，就是忙。

指着一大堆报表说："这些都要找领导签字，还要应付各种来找领导的人，真的一天到晚都在忙，忙得都没有时间恋爱了。"

有一次她愁眉苦脸地对我说："领导想把接待客户这一块也交给我，可是我这么忙，哪有时间接受新任务？"

又有一次，她愤愤不平地说："领导又制定了一个新规则，这个规则好麻烦，还是以前的那个好，我就不执行。"

那个规则我知道，于是我试探着说："我觉得那个新规挺好的，熟悉了以后效率会提高很多。"

她不屑一顾："我那么忙，哪有时间去熟悉新规？"

我在那个公司待了3年，3年里不停地变换岗位。可是无论我在哪个岗位上，那个女孩依然还坐在原来的位置上。

我一度特别不理解，心想，是不是人太优秀了不好啊，想换个岗都不行。因为领导不会放啊。

后来才知道，那个部门以前的文员很多后来都做了更核心的工作，这个女孩一直待在原地，其实只是因为她做不了别的，只能做固有的那些事情。

她有很多成长的机会，但她都以忙为借口放弃了，然后，她就只剩下忙了。

我离开那个公司时，她还是一个普通的文员，拿着整个部门最低的薪水，每天嚷嚷着忙，抱怨着公司的福利不好，却没有离开的勇气。

真的忙得不能接受新任务吗？其实只是斤斤计较，不愿多付出，不愿接受挑战，不愿劳心劳神，只想躺在舒适区里，安稳地过一生。

我在一篇文章里曾经写过一位全职妈妈的故事，她一边带孩子，一边学东西。为了合理安排时间，还花钱报了我的时间管理班。

然后后台有人给我留言，说她也是全职妈妈，也是一个人带孩子，她也好想学一点东西。

我觉得这很好啊，就建议她利用带孩子的间隙，见缝插针去学习，哪怕每天学一点点，几年下来，也会非常了不得。

她说："可是我太忙了怎么办？根本就抽不出时间。"

我问她都在忙些什么，她打过来很长一大段：做家务，喂孩子吃饭，给孩子穿衣服，给孩子洗澡，带孩子出去玩，有时候亲戚朋友来家里也要照顾。

我说："那孩子总有睡着的时候吧？你可以利用这个时间学习啊，或者每天早起一会儿，这个时间也能不被打扰。"

她说："孩子睡着了，我得洗衣服做家务啊，而且，早上实在起不来。"

我给她提了很多建议，比如让家人帮忙分担一些家务，把孩子放在学步车里也可以洗衣服，早起一个小时其实也是可以做到的。

她可能觉得我的建议太没有新意，很不满地说："你没有带孩子，你不知道带孩子有多忙，你就是站着说话不腰疼。"

然后，她再没有给我留过言。

我当然知道带孩子有多忙。但我更知道，很多人一边带孩子一边写文章，一边带孩子一边考试，一边带孩子一边做公众号，而且很多还是带两个孩子。

你不能因为忙，就放弃管理自己，放弃成长的那些机会，以为全天下的人都要迁就你体谅你。

谁不忙呢？

随便问一下你身边的人，十个人可能九个都在嚷嚷着忙。

忙有时候是个很好的挡箭牌。因为忙，所以我可以不学新东西；因为忙，所以我可以不严格要求自己；因为忙，所以我拒绝接受新任务、新挑战。

一句"我忙"，就能把所有事情都堵在门外。谁不体谅，谁不理解，谁就是黑心老板，就是不近人情。

你忙没有错，但你真的忙得再也接受不了一点新挑战吗？如果真是这样，你就要想一想该放弃一些什么。如果不是这样，那只能说明你就是在以忙为借口，放弃让自己成长。

放弃成长才是最可怕的事情。

当我们以忙为借口躲在舒适区里，拒绝接受新事务，拒绝接受新挑战的时候，我们就是放弃了让自己成长的机会。

别以忙为光荣了，也别以忙为借口了。不管你忙不忙，都应该勇敢地去接受一些新的挑战，让自己不断地成长。

　　和忙比起来，成长才是更重要的事情。

　　每个人的电话本里，都会有那么一个号码，你永远不会打，也永远不会删；每个人的心里，都会有那么一个人，你永远不会提，也永远不会忘；有些人说不出哪里好，但就是谁都替代不了；也许时光将教会我们成长，教会我们坚强，教会我们爱。

这世上比我美的姑娘很多，比我有才情的姑娘也很多，比我贤惠的姑娘还是很多，可这并不令我沮丧，因为我比从前的自己好了很多。羡慕而不盲目，知足也知火候。

令人羡慕的幸福生活，不是际遇而是能力

我参加过一次新老同事的聚会。

一个刚加入公司的小姑娘偷偷问我："你认识Katrina吗？"

我说："非常熟。"

她说："哦，我好羡慕她。"

人人都羡慕Katrina，人人都羡慕她的生活。

她有一个爱她的法国老公，有一个"中法合资出品"的漂亮宝宝，一到假期全家会飞去艾维浓的乡间别墅度假，种花酿酒收获黑加仑。她正在写一本遇见乡间阳光的书，记录一个热爱生活的姑娘在艾维浓生活的点滴。生活如此，夫复何求？

可是在这段幸福岁月开始之前，我就认识Katrina了。5年前，她新婚的老公被派驻苏州，于是Katrina向公司申请去上海办公室工作——我们没有苏州办公室，上海是离她老公最近的办公地点。每个周五，Katrina都会匆匆地从办公室直奔火车站，去赶开往苏州的火车，度过一个短暂的周末后，她在周日下午会再匆匆地从苏州火车站跳上开往上海的火车。为了行动迅速，她的随身行李只有一个包。当有人在目的地等你的时候，家也在那里，又何必带太多行李呢？

我曾经为她打抱不平："为什么是你去找你老公？应该他来找你嘛！

男生累点儿怕什么！"

Katrina连忙辩解："他对我很好的，每次都会去接我，只不过他老加班。"

Katrina辩解的时候总是很用力，所以我们总会把一个问题吞咽回肚子里："他明明有足够的能力在北京找份不错的工作，为什么要大老远地跑去苏州呢？"

有时行动已经说明了答案，只不过人们总是期待时间会给出一份惊喜作为结论。

半年后，"惊喜"来了——Katrina下车后，看到了来接她的先生，不过先生的手还拉着另一个女孩的手。Katrina不是一个坚强的人，当场石化在了站台上，然后崩溃了。

反复折腾了半年后，Katrina回到了北京办公室。她告诉我，她已办妥了离婚手续，并请我对她的婚姻状态保密。然后她申请调去了另外的部门，再次申请离开了北京，去深圳做一个长达两年的项目，在那个只讲业绩不问过去的地方，她全身心地投入到工作中。

也就是在这个项目上，Katrina大放异彩，升职成了经理，然后在一次去芭提雅培训时，遇到了法国同事即现在的老公。她的老公当时立刻就被她吸引住了，那时的Katrina虽然比两年前要累得多，但全身却散发出一种柔韧而沉稳的光彩。她不再是个不识愁的小姑娘，她像每一个有很多故事的人一样，在静静地思考。Katrina和她的老公在法国的一家农庄里举办了婚礼，这次是她的老公申请调转了办公地点，从巴黎迁到了北京。

Louis是我的另一个朋友，我们以前只是点头之交，因为要同时去伦敦待一年，所以熟稔起来。

我只是陪读，日子悠闲无比，可Louis作为已经工作了十几年的人重返校园，日子忙碌不堪。

她不仅要读书，还要自己找房、租房、实习、打工、锻炼身体……到了第二学期，她的日程更紧了，因为她从国内把5岁的孩子也接过来了，只在伦敦北部找到了一所愿意接收的幼儿园。每天一早Louis把孩子叫醒，打扫房间后做早餐，然后领着孩子去赶地铁，用40分钟的时间把孩子送到幼儿园交给老师；下午三点半，她要再坐40分钟的地铁去幼儿园接孩子，把孩子带回家；下午五点到八点，一位华人保姆在家里陪孩子玩，并给母女俩做饭，Louis则利用这个时间做作业、写paper（论文）、发电子邮件；保姆走后，Louis哄睡孩子，接着看书学习到午夜。

每个周二、周六下午的日程会稍有不同，Louis会带着孩子去宿舍附近的体育馆游泳，还得去超市菜场买接下来一周的菜。每个周末她还会去买特价票，带孩子看一场电影或者音乐剧，有时也会去逛街，带孩子去书店或露天市场逛逛。

因为我们离得不远，我经常会跑去找她，美其名曰给她帮忙，其实是写书写得不顺去找她聊天。我羡慕她忙碌而充实的生活，羡慕她能把日子安排得井井有条。

我经常把Louis当成知心姐姐，向她请教各种鸡毛蒜皮的问题：我是应该留在英国还是回国，是继续原有的工作还是重新找一份工作，我的书写完了没人出版怎么办，我应该什么时候要孩子……

Louis虽然不能给我答案，但她总是从现实角度为我分析，让我从烦恼的蜗角中跳出来，着手先把眼前的事尽量做好。

有次我去找Louis，她正带着孩子大扫除，我也加入了大扫除的行列，忽然发现她家最多的就是各种药。"你得什么病了？"我问她。

Louis说："强直性脊髓炎。"

我惊呆了，没有想到一种如此恐怖的疾病竟然离我这么近，更没有想到一个泰然自若、活力四射地为我排忧解难的人居然是AS（强直性脊髓炎）患者。当她用尽力气在疼痛中生活的时候，我居然还一遍遍地跑来用鸡毛蒜皮的破事儿烦她！

Louis告诉我，她已经学会了和疼痛朝夕相处。

Louis还说："我已经找到英国AS方面最权威的专家，我已发了E_mail（电子邮件）给他，从下周开始治疗。"

Louis说，所有的AS抗疼痛药物都有明显的副作用，会给心脏和肾脏带来负担，可是不吃药又疼得撑不下去，所以她索性按时服药。

我傻了，问道："那不是会减短寿命吗？"

Louis回答："怎么说呢？我觉得生命不仅仅是长度的问题，质量也很重要。"

那天下午，我失魂落魄地离开了Louis家，并且很长一段时间都不敢再联系她、找她、面对她。

我甚至不敢想象Louis是如何面对、经历着这一切，并像个斗士一样与之战斗的。她正在经历着一场永远不可能胜利的战斗，无非是用早点倒下的代价，换取7×24小时不眠不休的疼痛。

一年后Louis顺利完成了学业回国，并换了一份更好的工作。听说她在新工作岗位上连升两级，还把女儿送去了一所很棒的国际学校。好多人羡慕Louis在这么大的年龄还能下决心出国深造，拿到更高的学历；他们还很羡慕Louis有先见之明，在孩子小时候就带她出去，体验一年的英式教育；他们更羡慕Louis会过日子，能在工作之余把生活安排得丰富多彩。

我没法开口反驳他们：哪有人生的赢家，挺住才意味着一切！Louis最值得羡慕的地方不是她的生活，而是她不屈的勇气和强大的信念。

Louis的事情给了我极大的震撼，使我今后能留心观察更多的光鲜表象，发现背后的故事。

我发现每天在办公室加班到很晚、业绩很优秀的同事家里有个渐冻症的母亲，需要他和姐姐请两个保姆，并要由姐弟俩在周末轮番照顾。

我发现每晚去广场领唱大合唱团的邻居有个瘫痪在家的母亲，她说在每天的24小时里，只有唱歌的那一个小时是属于自己的幸福时光。

我发现刚刚获得风投的那个90后CEO（首席执行官）还在租房子住，他每月只象征性地领一点工资，家里的父母还在指望着他的钱翻修房子和嫁女儿。

我发现在35岁就获得了财务自由的姑娘两侧输卵管堵塞，大概要和她儿时最大的梦想——做一个母亲——绝缘了。

这些人生中细微而真实的痛苦和烦恼，和他们人生中出现在公众视线中的风光和精彩一样真实。特别炫目的东西背后，往往有着不为人知的隐情，那些隐情才是那些我们所羡慕的更为真实和全面的人生。那些在照片中冲我们微笑的人，没必要同时展示他们哭泣时的照片。

许多美丽的故事背后，都有一段悲伤、黑暗或者忧愁的版本，但正是因为那不为人知的另一面，才让我们已知的那部分故事更加伟大，更加不可思议。

随着年龄的增长，我已越来越少有一门心思地羡慕旁人的幸福生活的时候。我只是一个平静的读者，稍停就走的过客，我为他人的精彩鼓掌，但却并不想替换他们成为故事中的主角。

人生不过是些好坏参半的素材，却被我们过得千差万别。

说到这里，希望你能明白，那些令人羡慕的幸福生活，其实不是一种际遇，而是一种能力。

当你越来越漂亮，自然有人关注你；当你越来越有能力，自然会有人看得起你。改变自己，才有自信，梦想才会慢慢地实现。懒可以毁掉一个人，勤可以激发一个人。不要等夕阳西下的时候才对自己说"想当初，如果……要是……"之类的话，不为别人，只为做一个连自己都羡慕的人。

没什么好抱怨的，今天的每一步，都是在为之前的每一次选择买单，这也叫担当；没什么好抱怨的，今天的每一步，都是在为今后的每一点成功布局，这也叫沉淀。

你抱怨不公平，
其实只是因为你没有像他们一样努力

圆子向我借钱，一开口就问我有没有3000块钱，说是急用。

我立刻紧张地问她："是不是身体不舒服，还是家里出事了？"

作为一名实习生，工资虽然不高，但江湖救急的话，不够也得为她张罗。

她反而轻松地回答："没事啊，能有什么事，我就是想买最新出的那款手机。"

"你不是去年买了新款吗？"

"去年是去年，今年这款虽丑，但总得跟上潮流啊！"

"可是你现在没钱啊，干吗还买？"

"就是没钱才和你借啊。我身边好几个人都买了，天天和我炫，我也要买个气气她们。"隔着电话都能感受到她的义愤填膺。

"圆子，这钱我不能借给你了。"

"你怎么这么小气，这么点钱都不借！"

"这不是小气的问题，是我觉得你完全没必要把钱花在这没用的地方。你根本不需要新手机，何必借钱买。"

"别人有，我凭什么不能有？"说完，她就直接把电话给挂了。

对，别人有的，你是可以有。但你想和别人拥有的一样，至少你也要有这份"有"的资本啊。

　　你眼睛里只看到别人"有"的结果，怎么不多看看他们"有"的过程。别人还有斗志和努力，你有的又是些什么？

　　高中同学小X一直都是个"别人有的，自己也一定要有的"性格。

　　她高中毕业就去了一线城市工作，和认识的朋友两个人住在三居室中的一间，一开始领着微薄的实习工资，省吃俭用。随着工作年限的增长，工资也增加了不少，但是她的生活质量却丝毫没得到提高。

　　工作两年半，却还是无法给自己买一件好一点的衣服。这点令我很疑惑，也很直白地问了她。

　　她每天午饭为了能够和单位的同事达到同步水平，每顿都要七八十，再加上下午茶餐点，平均下来，每个月的工资一分不剩，别说买质量好的衣服，就连买身新衣服都是个问题。

　　"你干吗吃那么贵的饭？我看别人20块钱的饭也挺好的啊。你怎么不把钱拿去买点好看的衣服穿？"

　　"同事她们中午都去那里吃，我不想让她们瞧不起，所以就跟着一起，至少还能多个话题什么的。"

　　"那她们知道你的实际情况吗？"

　　"不知道。我也不能让她们知道。"

　　"那她们的条件如何？"

　　"本地人，家庭条件特别好，所以我不能比她们差。"说完还不忘叹口气，"出身好就是不一样，做什么都容易，不像我，只能节衣缩食。"

　　后来我再也没有联系过她，因为我无法苟同她的想法，又很难改变她。

　　她羡慕人家好的出身，觉得自己没有钱就是低人一等，即便是晚上饿着肚子，也一定要在她们看得到的地方与她们平齐。

　　别拿家庭做比较，家庭的贫富不过是给你的台阶。富，一步登天；穷，台阶尚有。

　　不尝试着改变自己，一步步往上走，却怪罪出身不好？

每个人身边都有这样的人，他们总想着不费吹灰之力就拥有傲人的成绩。努力都是默默无声，没有人天天喊着努力的口号，你看到的成功背后，自然有着不懈的奋斗。

我是个特别喜欢旅行的人，立志每学期必须去一个陌生的城市走一遍。

从大一下学期开始，跟着身边的同学开始去其他城市，吃吃吃买买买，别人做的我也在做，父母给的生活费不够就要。再不行就和多年老友借，每次都变着花样和理由拿钱。

父母一直纵容，以至于我一直不知道自己的行为是错误的。只是他们偶尔问了一句"为什么花销这么大"的时候，我竟然一时间无法回答。

无意间知道一直借我钱的好友每逢周末都在外边兼职干零活儿，他并不缺钱，甚至可以说是小康。我问他："大学不是说好的轻松安逸吗？你这么辛苦干吗？"

他说："我有要做的事情，所以必须不断努力。我不管我身边的人在做什么，但至少我不能允许自己随波逐流。"

我还没有足够的能力去享受安逸的生活，却不去努力将梦想兑换为现实，而是把心思都用来攀比他人的生活。

也许我是幸运的，意识到这些的时候并不晚。我开始认真学习拿奖学金，好好写稿拿稿费，而且兼职赚外快。

至今我去过了很多想去的城市，但我已经不再轻易地从父母那里索取来满足自己无用的虚荣心。

生活中，不会有人因你一无所有而瞧不起你，但一定会有人因你强装富有而蔑视你。

思想空荡，即便身上披金戴玉也只是副华丽的躯壳，灵魂仍旧一无是处。该武装起来的不是虚假的外表，而是强大的内心。

别在什么都没有的年纪，要求和别人一样。起点不同，但奋斗的道路都是相同的。别人开车漫游，你可以跑步加速。正因为什么都没有，所以才更应该去努力拥有。

圆子把我的QQ号和微信都拉黑了，我不知道她有没有从别人那里借到钱买那部她根本一点都不必要买的手机。但我是真的不会把钱借给圆子，我今天可以把钱借给她，那么明天呢？她又要向我借钱买不断更新换代的其他新产品。

再好好看看自己，已经拥有了可以匹配的一切，又何必事事为难自己，讨好那不必要的虚荣？

告别平庸的方法：1.每天坚持读书1小时；2.坚持提升专业，成为单位专业权威；3.战胜两个坏毛病——拖延与抱怨；4.先从形象上改变，提升你的自信；5.时常反省自己，但不诋毁自己；6.向优秀的人学习；7.坚持早睡早起；8.坚持体育锻炼；9.保持微笑。

右脚是你的人生，左脚是别人眼中你的人生。夏虫不可语冰，无论你怎样与夏天的虫子谈论冬天的冰雪，它都不会明白。所以永远不要去羡慕别人的生活，即使那个人看起来快乐富足。永远不要评价别人是否幸福，即使那个人看起来孤独无助。幸福如人饮水，冷暖自知。你不是我，怎知我走过的路，心中的乐与苦。

你总羡慕他人的生活，
却不清楚他们为之付出了多少

月见小姐在决定辞职之前，曾经在微信上对我们进行每日一吐槽的狂轰滥炸。

"每天都要看老板脸色说话，没完没了地加班和出差，对着吹毛求疵的上司和同事，真是够够的了。真想像×××一样啊，在家做自由职业者，每天轻轻松松地写个文案做个翻译，时间又自由又不耽误挣钱，人家那才叫生活。"

这抱怨来得太过频繁，以至于开始时经常回应她的那些人都默默失踪，直到她终于发了大招："告诉你们啊，我终于鼓起勇气辞职了。赶快表扬我一下。"

蜂拥而来的鼓励换来她频频发来的那个大笑的表情："我终于要过上自己喜欢的生活啦！"

我几乎都能脑补出她笑出八颗大白牙神采飞扬的笑脸。

"哎，你帮我介绍个翻译能赚钱的活儿呗，我这刚刚起步，只要靠谱就行了。"她问我。

对于月见小姐的第一次拜托，我极其认真地辗转找了许多朋友，终于给她找到一份虽然报酬不多但是绝对轻松的翻译兼职。她在那头连着发来好多个谢谢，开心得不得了："一想到马上就要新生了，真是太开心了。"

她仿佛从一个满身怨气的小白领一下子进入了岁月静好的阶段，晒一晒自己种的花草，拍一拍自己画的涂鸦或是镜子里练瑜伽的身影，每天发自己的健身记录，还有在读的那本名字拗口的厚厚的巨著。

就这么静好了几个月，终于有天忍不住找我聊天："哎，你说，这些人怎么就那么难伺候呢，我翻译5000字才给100块，进度还催得那么紧。还有上次找我做文案的那家，我改了8遍啊，他们还挑挑拣拣，居然晚上11点打电话给我要改方案，气得我直接就挂断了电话，有没有礼貌啊这些人？"

她气势汹汹地在那边抱怨了许久，终于轮到我插话的时候，我劝她："刚开始就配合一点，等人脉建立起来了怎么样都行。"

换来月见小姐好像听到外星球电码一样惊讶和不解："你傻啊，我辞职了自己单干不就是图个自由吗，我要这么逼我自己，又被人使唤又看人脸色的，跟上班有什么区别？"

紧接着她又不甘心地絮叨几句："人同命不同啊，你看那个×××运气多好，年纪轻轻开始做自由职业，做一笔够吃一个月，是不是什么二代啊，有人脉有家底什么都不愁。"

月见小姐口中的×××，曾经是许多人羡慕的对象。

一次公司活动的时候见过她，妆容精致举止文雅，带着一点独特的慵懒气质，像一只吃饱了准备入睡的与世无争的猫。寒暄之后我凑过去聊天："我有位朋友特别喜欢你，简直要以你的生活当作模板了。"

她苦笑一声指指自己的黑眼圈："羡慕的人多，能做到的人少。我现在的作息比上班族还要辛苦，每天五六点就得起床，看看做的方案甲方有没有意见，常常大半夜还被叫起来改图。做翻译就更别提了，看得我眼睛都花了，就那么一点点钱。"

许是看到我的表情太过吃惊和同情，她安慰似的拍拍我的肩："这都已经好多了，刚开始的时候好多钱少事多态度差的客户，我天天跟孙子一样跟在人家后面追账，动辄被骂个狗血淋头就为几百块钱。跟那时候比起来，现在真是好太多了。"

"自己做事居然也要这么辛苦？"我忍不住感叹一声。

"每一种自由都辛苦，"她笑容温柔眼神坚定，"但是值得。"

我想起自己刚刚毕业的时候，曾经特别崇拜一位"高冷"的前辈，他不拉帮结派笼络同事，也从不花言巧语地奉承老板，从不刻意去争取什么，却能把每一项任务都完成得很出色，每一年都在高升，直至高管。

那时候我在想，这就是我想要成为的人，又独立又淡定，又优秀又个性。

直到有机会跟这位前辈聊天，换来他语重心长的一句："想要做什么样的人，需要先考虑好，自己愿不愿意付出相应的代价。"

用别人聊天吃饭打游戏的时间钻研业务的代价，每个夜里都在苦学然后清早起来跑步的代价。

对重要的客户做小伏低百般应承的代价，对上级错误的指示咬牙做完然后自己去补洞的代价。

曾经努力去变成另一个人，才能做回自己的代价。

东野圭吾在那本《彷徨之刃》中曾经有过这样一段话：

下西洋棋的时候，一开始我们拥有全部的棋子，如果一直维持这样就会平安无事，但是我们要移动，走出自己的阵地，越移动就越可能打到对方，可是自己同时也会失去很多的东西，就像是人生一样。

我们常常以为自己喜欢某一种生活，或是想要成为一个什么样的人，可是这样的想法往往只停留在了解别人最光鲜亮丽的一面，羡慕他自由，羡慕他成功，羡慕他年纪轻轻就升了高管，羡慕他不动声色就自费出国。

而他们背后不为人知的艰辛和努力，就是我们尚未觉悟到的。哪里有不辛苦的自由，哪里有不曾妥协的成功！

清楚自己想要什么、想做什么样的人还远远不够，还要去了解这样的日子要付出怎样的代价，你想要成为的那个人都经历过什么样的生活，造就他们的和他们放弃的，你愿不愿意也作出同样的选择？

　　愿你落棋不悔，愿你终得所爱，即便这并不是一个人人都配拥有的结局。

　　我们常常看到的风景是：一个人总是仰望和羡慕着别人的幸福，一回头，却发现自己正被仰望和羡慕着。其实，每个人都是幸福的。只是，你的幸福，常常在别人眼里。

我们拼命学习，我们努力看书充实自己，无数个夜晚复习背诵，都是为了给美好的以后打好基础，现在辛苦一点也值得。等我们结束这场考试，约定好，一起去旅游，一起看最美的风景，一起过我们想要的生活！

时间如此有限，你除了吐槽还能干点别的吗

我相信，每个人的朋友圈里都会有那么几个愤世嫉俗的年轻人。他们的特点就是爱抱怨，恶劣的环境，糟糕的空气，微薄的收入，节节攀升的物价，悬殊的贫富差距，不健全的社会制度，越来越物质的婚恋关系……似乎他们每天都过得很糟糕。

你看，在愤青们的吐槽里，世界是那么的不美好，糟糕得让人失去了奋斗的动力。

当然，我年轻的时候，也曾是庞大愤青队伍中的一员。我将生活中所有的不如意统统归结到社会的阴暗面上。

直到有一天，我在微博中看到一段话：年轻时最好不要过分关注社会的阴暗面，要不然内心会越来越分裂，慢慢侵蚀掉积极向上的力量，滋生黑暗力量。

无论所处的社会环境多么糟糕，我们都有自己可以掌控的部分。社会变革可能需要上百年的时间，可我们的生命仅有一次，也没那么长。所以要在有限的时间，尽可能做我们能够掌控的事。

刹那间，我豁然开朗，慢慢地学会停止抱怨，多看一些社会中的真善美，并尝试着把这些简单美好的小幸福记录下来。

我之所以喜欢写一些真善美、积极向上的文章，是因为我发现网络里

和现实里跟我吐槽的朋友，依然有很多好青年，他们彷徨、迷茫的时候非常需要有人给予积极向上的正能量。

有一个异性朋友，家境贫寒，从小生长在农村。为了改变命运，十年寒窗苦读，好不容易考进大学，却发现毕业就是失业时。毕业大半年，才费劲巴拉找到一份销售的工作，月薪1500元，去掉五险一金，还不到一千块钱。最艰难的时候，朋友一顿只吃一个馒头，饿极了就喝水充饥。

每次看到和他同时进公司的富二代开跑车上班，他就开始恶狠狠地抱怨，抱怨社会贫富差距那么悬殊，抱怨生活的不公，抱怨自己为什么没有生在一个有钱的家庭。就这样朋友抱怨了大半年，销售业绩依然为零，濒临被公司开除的危险。

担心被公司开除、温饱都难以解决的朋友又开始和我抱怨。为什么社会上贫富差距如此悬殊？为什么80后就这么倒霉？

我安慰他，其实古往今来，无论中西方国家都会存在贫富差距悬殊的问题。这是一个历史性的难题，并非我们抱怨几句就可以改变的，我们能做的就是努力做好自己应该做的事情。比如说，你现在应该努力保住这份工作。

正所谓，家家有本难念的经，无论是穷人还是富人都有很多烦恼。穷人的烦恼通常只有一个，就是缺钱，而富人的烦恼，除了钱之外，还有很多。有时候，我们所羡慕的光鲜亮丽背后，往往也是一地鸡毛。

前段时间，有个90后的小伙子在我微信公众平台上留言，我觉得你文章里描述的爱情都太美好，不适合我们90后。90后的女孩都太过物质、爱慕虚荣、爱攀比，已经没有你所谓的那种单纯的好姑娘了。

我非常认真地回复他，我相信无论是80后还是90后都会有单纯美好的姑娘，她们不物质、不虚荣、不攀比，只是单纯地想和心爱的人从零开始享受一段美好的爱情，一起经历那些挨苦的欢笑与眼泪，一起奋斗完全属于自己的车子和房子。

其实一个女孩的品性受外在客观环境的影响远远小于原生家庭的影响。也就说，如果一个女孩非常物质、爱慕虚荣、爱攀比、工于心计，那说明她的家风和家教出现了问题。正所谓父母是子女道德品质的第一责任人，也是孩子树立正确人生观、价值观和婚姻观的引路人。

无论是70后、80后还是90后，都会有一些三观不正的坏女孩，当然我相信更多的还是家风家教正统的好姑娘。所以，千万不能因为一些个例而否定了所有的好姑娘，从而不相信美好的爱情。

偶然，和一个年轻宝妈谈起二胎放开政策，宝妈气呼呼地说："现在就算二胎政策全部放开，也没人敢生啊！

"国内社会福利待遇那么差，养个孩子多难啊，从出生到上学，再到结婚买房，没个几百万下不来。

"要想全面推广二胎政策，必须国家完善社会福利制度。你看人家瑞典，社会福利那么好，简直就是从摇篮到坟墓的福利保障，孩子出生后，妈妈有9个月的产假，爸爸也同样领全薪在家看孩子。

"在瑞典，孩子上学、生病、失业、老人养老、全职妈妈在家带孩子都有保障金，有良好的福利待遇体系作保障，温饱问题无忧，生几个孩子也养得起啊！"

我静静地听着她吐槽国内的福利保障多么不健全，又多么地向往瑞典良好的社会福利制度。

然后微笑着对她说："瑞典的社会福利虽然是世界上最好的，但自杀率也是世界上最高的。"

"为什么啊？"宝妈不解地问。

或许是，生于忧患死于安乐吧！《士兵突击》中，许三多常说，人不能活得太舒服，太舒服会容易出问题的。

瑞士的高福利、低失业率的资本主义模式不是所有国家都可以效仿的。不过，我相信随着国家的发展，国内的社会保障制度肯定会越来越完善。

然而社会变革可能需要上百年的时间，可我们的生命仅有一次，也没那么长。所以要在有限的时间里，尽可能地做我们能够掌控的事。

是的，作为国家的支柱力量，我们不能总是过分关注社会的阴暗面，然后不停地抱怨、吐槽。抱怨只会让我们变得越来越糟糕。因为有很多东西是历史发展的必然趋势，譬如高房价。这些是我们常人无法左右的事情。

我们需要做的是，改变抱怨的态度，积极地去做当下应该做的事情，久而久之一定能突破困难，生活会发生质的改变。

到这里，或许我可以说出第一个朋友的结局。朋友停止抱怨后，积极努力地工作，总结之前失败的经验教训，下班后利用业余时间充电，然后他的业绩突飞猛进，一跃成为公司的销售冠军。现如今朋友已经荣升为公司的销售部总监。

朋友经常说，改变是痛苦的，但却是成本最低、见效最快的投资。

是的！我们无法左右世界，但却可以改变自己。

当我们年轻的时候，每件事都像世界末日一样，令我们绝望，痛苦不堪。其实不是的，一切只是开端而已，我们还那么年轻，完全可以克服一切困难，勇往直前。

就像如今的股市，即使人生崩盘也并不可怕。没有经历人生的跌宕起伏，又何以谈人生呢？

若是美好，叫作精彩；若是糟糕，叫作经历。年轻人就应该活得洒脱一些，不能总是苦大仇深、愤世嫉俗。

热播剧《名侦探狄仁杰》中诸葛王朗经常说：人啊，这开心是一天，不开心也是一天，为什么总是盯着那些不开心的事情呢？何不给自己一个大大的微笑？

所以年轻人，请不要再愤世嫉俗了。多关注一些生活中简单美好细微的小幸福，少关注社会中的阴暗面，把我们有限的生命用来做一些有意义的事情。毕竟世界是大家的，生命是自己的。

人生吧，就像你写文章的时候，突然把电源给关了，然后文档没保存，也没有自动恢复过来。那没办法，只有重新再写了，再抱怨也无济于事，还是得写，还是得继续，还是得工作，还是得生活。只要没有"game over"，那就还有重新来的机会。继续吧！

你整天充满负能量，觉得自己哪里都不好，时间都用来幻想，可和你一个起跑线的人，已经融入更好的圈子了。多做事少抱怨，其实坏情绪就像垃圾，该扔就扔，不要过度追求没用的东西。快乐是自己给自己的，心态端正，一切都不会让你堵心。

收起你的抱怨，想成功就去努力

写网文的麦子姑娘和我抱怨："如果我也能千字200元的话，那我一天绝对能码两万字。"

麦子的抱怨让我想到了在很早之前关注过的一个小主播。只有2000的粉丝，每天要直播8个小时，要打赏，要关注，生病了，来例假，也从没有断播的时候。不到一年的时间，她的粉丝涨到了70万。

大多数人都有过这样的情况：看起来很努力，却没有大进步；艳羡牛人月入百万，又可怜自己不得赏识；自己一狠心，一咬牙，但凡拼命了一点，马上就又会心疼自己，委屈到掉眼泪。仔细想一想，你看起来的努力都不及牛人的日常。你一天能码两万字，你早晚会千字200元。

这是大多数人都会存在的不劳而获心理。承认吧，你就是想成功又不想努力。

后来我和麦子姑娘沟通了这件事，对麦子姑娘有所启发。半年后的麦子姑娘已由日更5000变成了日更一万，千字20涨到了千字80。麦子的书时常出现在各大销售榜单上。

年底，麦子从作家年会回来，我去接她。麦子坐在车后面拿出笔记本开始码字。我问麦子："这么努力，这是要成神了吗？"麦子说："我还差得远呢，那些大神们可比我努力多了。"

以前，总是觉得自己是匹黑马，只是没有遇到伯乐。发表过几篇文章就觉得自己小有名气；写过两个故事，就认为可以卖字为生。当我投稿十连退，故事没人理之后，才意识到自己什么都不是，只是自大。

多年以后再回想，如果我是伯乐，我也不会喜欢这匹马。你还一无所有的时候，你至少应该有一颗踏实努力的心。世界上最可怕的就是比你厉害的人比你还要努力，那些天赋过人的天才们，他们其实一直在低头学习。

世界是公平的。你定好闹钟，又点了10分钟后提醒；你去自习室学习，又掏出了充好电的手机；你在图书馆借了几本书，两周后又原封不动地还回去；你要考英语四级，一套真题没做完就又去追美剧；你让自己看起来很忙碌，其实你什么都没有做；发誓要好好学习，你却没有静下心来看书，而在忙着发朋友圈，告诉大家你在努力。所以你还是老时间起床，所以你四级考了几次都没过，所以你在自习室玩了一下午手机，所以你朋友圈有赞有鼓励，你还是没有成绩。

我想起了我的一个朋友，张导，做网剧，喜欢和我们聊一些电影的前景和一些大师的作品。

每每讲到当下的某部电影的导演和他是同一时期的同行时，总不忘感叹两句，别人的运气太好，自己就遇不到大方的投资方。

这些年，他拍过几个宣传片，接过几个小网剧。想做一些像样的网络大电影，不是缺剧本，就是没投资。

我问他："那你这么久都在忙些什么？"

他想了想，也没说出个所以然。

其实，他只是在忙着见编剧谈剧本，忙着找老板拉投资。从没有停下来认认真真地做部电影，想一想自己是差在了哪里。

好不容易想认真做个电影了，坚持了没两天，就又想质量什么的都不要紧，先把钱赚了再说。

别人在努力的时候，你在发呆。别人有成就了，你又怪自己运气不好。哪有那么多天上掉馅饼的好事？

把闹钟定好，把手机关掉，把真题摞成册，写不完就不吃饭。在火车上，也要摆好笔记本写一篇稿。不要在别人玩的时候就想劝自己，歇一会儿吧，大家都在玩。他在背后努力的时候，你又看不到。你要知道，你在努力的时候还有人比你更努力，你感觉自己很辛苦的时候，他们也在咬牙学习。从来都是天助自助者，你那些努力的时光，是不是也要看心情、看天气？

不能每天对生活打鸡血，也就别抱怨了。你就承认了吧，你就是想成功又不想努力。

别人都在你看不到的地方暗自努力，在你看得到的地方，他们也和你一样显得吊儿郎当，和你一样会抱怨，而只有你自己相信这些都是真的，最后也只有你一人继续不思进取。

世界上从来没有不劳而获这件事，你从不检讨自己不够踏实、努力、上进，你只会抱怨和幻想。所以你只能沦陷在穷困潦倒里，期盼着那些努力奋斗的人的救济和施舍。

听说你总抱怨穷困潦倒，却又想不劳而获

读书的时候我们班有一对双胞胎，姐姐总是很努力，不仅成绩优异而且多才多艺，羡煞旁人；妹妹则表现平平，一切都是随遇而安、不争不抢，性格倒也讨人喜欢。

大学毕业，姐姐幸运地在省会找到了一份体面的工作，妹妹则回到小城市做起了售货员。毕业之后的一两年，两姐妹关系还是如以前一样亲密无间，姐姐经常从省城给妹妹带回很多漂亮的衣服和一些新鲜事物。

后来，两姐妹相继结婚、生子，优秀的姐姐理所当然地觅得良缘，而妹妹却迷恋上了当地的混子。混子会哄人，妹妹在他的甜言蜜语、嘘寒问暖中彻底沦陷，这段爱情当然得不到父母的祝福，尽管父母和姐姐极力劝阻，妹妹还是坚定不移地嫁给了他。

几年之后，姐姐和她老公都凭借各自的努力升职、加薪，妹妹过得很不好，她原本就软弱的性格完全留不住一颗浪子的心，混子另觅新欢，抛下了她和一个可爱的女儿。她们之间的联系不知不觉地疏远了，说起来都是些冠冕堂皇的理由：各自有各自的生活，但事实上，大家都心知肚明，彼此再也不是一个世界里的人，尽管姐姐尽全力弥补这段关系，妹妹却总是不太领情。

去年大年初一，当小城市的人们都欢呼雀跃地迎接新年时，两姐妹却吵得面红耳赤。起因很简单：往年初一，两姐妹都会约好一早去给父母拜年，但

今年，姐姐先去给同在一个城市的领导家拜了年，回娘家的时候已过午时。

本是件芝麻大的小事，妹妹却不依不饶，大骂姐姐越来越势力，越来越喜欢趋炎附势。姐姐当然很委屈，妹妹永远无法理解她的艰辛，她拼了命地努力难道只为自己的小家吗？她在常年补贴拿着微薄的工资、连养活女儿都需要她接济的妹妹，父母如果生病，医药费也全部都由她承担，只有那些升职加薪和生活的不易以及太多妹妹不懂的艰辛。

后来，姐姐凭借她这些年积累的人脉给妹妹找了份工作，工资足够养活她和孩子。一个月未到，妹妹辞了职，她不断地向姐姐抱怨这份工作太过辛苦，但她不知道姐姐工作之初也常常通宵加班。

姐姐忍气吞声地又托人给妹妹找了另一份工作，这份工作的工作时间不长，当然，收入也不会高。果然，没过多久，妹妹又辞职了，理由当然是工资太低。

几次三番，姐姐的老公自然表达了不满，姐夫教育妹妹说："这世上从来都没有不劳而获这件事情，你现在不但要养活自己，还要养活子女，你已经有过一场不幸的婚姻，难道还要毁了自己的人生吗？你才30多岁，只要你够努力，这个社会从来就不会饿死任何人！但最可怕的是你穷得理所当然，那任何人都帮不了你……"

姐夫苦口婆心地教育了她一番，原以为她会有所长进，没想到她竟反驳得让他们无言以对。妹妹抱怨道："有钱又怎么样？有钱就像我姐这样吗？一年买不了几件衣服，穿来穿去都是旧衣服。你们瞧不起我，我还瞧不起你们不懂享受生活呢！你们是有钱，那为什么不养着我和我的女儿？给我介绍的工作要么辛苦要么赚不到钱，你们不就是嫌弃我穷吗？与其说你们想帮我，不如说你们怕我丢人，怕我成为你们的拖累，急不可耐地想把我推销出去！"

妹妹说完，破门而出，留下惊呆了的姐姐和姐夫。妹妹的话恰恰完完全全地展现出了生活在这个社会里的一部分穷人的想法。

很奇怪，他们一直在寻求平等，自己与别人获得平等的工作机会，子女如愿以偿地进入一所好学校。当然，他们所寻求的平等永远落于权利上，若究其责任，他们则不愿意为这些权利买单。问其原因，他们则会回答：难道我穷就非得低人一等？

你知道低人一等的是什么吗？低人一等的不是你所见到的社会地位、金钱抑或荣誉，这些外表所见的东西不过是外界给出的定义，没有对错只有是非。而平等是什么？平等是精神上的独立，只不过这种独立依附于物质的富饶，你不用混淆概念地把你想逃避责任的懒惰称作"不平等"。

从小享有教育权利的你不愿意像别人一样挑灯夜读，后来看着凭着自己的高学历有了份好工作的人，你就会假想人家是官二代或者富二代，你从不检讨自己不够踏实、努力、上进，你只会抱怨和幻想。

如同妹妹，有些不富裕的人乐于批评富有的人不懂享受生活。且不提这句话有没有自我安慰的成分，姑且来聊一聊"舍得"一词。就社会大部分精英来说，他们的成功除了机遇之外都离不开辛勤的付出，财富的积累并非你所能想象的那般轻而易举，没有起早贪黑、摸爬滚打而积累财富的人生经历，是不会懂得中产阶级的人眼中的"不舍得"的。

妹妹所谓的舍得是什么？就是即便食不果腹也要去购置新衣，装饰那毫无灵魂的躯壳。而中产阶级的"舍得"用在哪里？用在提高生活品质和培养更优秀的下一代上。所以你能体会所谓的"舍得"和"投资"的差别吗？

我从不认同人分三六九等的说法，也从不喜欢用一类人去囊括一帮人，因为这样的说法未免有些片面。虽然不是遍地黄金，可只要你不辞劳苦，总不会穷困潦倒到需要他人接济才能生存。

我崇尚任何形式的平等，尤其是精神层面的平等，无关乎你是否周身名牌，只关乎你是否有一颗高尚的灵魂。沦陷在穷困潦倒里不劳而获的人啊，只要你愿意走出去，你就永远不需要向任何人低头弯腰，你所有的收获都是点滴的积累，无论多与少都值得被尊重。

奋斗了那么多年才有了如今生活的人啊，请别滥用你的同情心，也不必居高临下地施舍任何人，你不能给予他们一世安好，那么就请别毁了他们的人生，错给了他们一个假象——即便不劳也能获得。

把时间花在进步上，而不是抱怨上，这就是成功的秘诀。你不要担心你买不起房子，你进步的速度要高于房价上涨的速度就行。

我们总是在遭遇挫折后，才会幡然醒悟，重新认识自己的坚强。所以，无论你遭遇什么磨难，都不要抱怨上苍不公，甚至一蹶不振。人生没有过不去的坎，只有过不去的人。

委屈不是你放弃努力的借口

朋友大伟说他要辞职。因为那天下午，在公司一个项目小组负责人的竞聘中，9个评委，他只得到了一票。大伟不服气，他在公司里干了足足6年，也算是个"老人"了吧。可是，怎么就被初出茅庐的小青年给比了下去？

更让大伟愤懑的是，他的能力不比别人差，干的不比别人少，业绩说不上拔尖但也绝不是垫底；老板让加班，不管多晚，他从来没有二话；同事请他帮忙，哪怕自己再为难，他也统统应承下来。

结果，他的付出，他的友善，他的任劳任怨，好像大家都没看到。用他的话说，那仅有的一票，就像一个笑话，将他曾经还自我感觉良好的一点职业幸福感全部摧毁了。

"不至于，不至于。"晚上，几个朋友聚在一起，大家都安慰他。

大伟的委屈，职场中的你我可能都会碰到。你熬夜做出的方案，可能被上司贬得一文不值；你真心以待的同事，可能就是在背后给你穿小鞋的那个人；你千小心万小心做完一个项目，眼见就完美了，却出其不意地冒出一个小纰漏；你早出晚归拼了一整年，升职加薪的却是别人……

你已经过了一受委屈就掉眼泪的年纪，但那种别扭仍然会像一根根小刺，虽不至于绊你一跤，但总归会把你扎得心疼。

可是，这天底下，哪有一种委屈是单为你准备的呢？问问身边的人，谁没有被老板骂过，谁不是一年中十次八次想过要辞职走人呢？

无非是，碰到那些不大不小的坎儿，有些人怨声连连，从此放任自己；有些人开始穿上铠甲，不愿再敞开心扉释放善意；有些人变得锱铢必较，一分付出必定要求立马要有一分回报；而还有些人，难过一阵子，就放下了，甚至还越挫越勇，把一时的悲愤化作前行的动力，反而越走越远……

我常常在想，每个人心中都有这样那样的梦想和远方，或清晰或模糊。可是，为什么有些人能够抵达，有些人却迷失在了半路上？这其中，需要实力的提高，对梦想的坚持，健康的体魄，可能还需要一些运气，可能也取决于你面对那些让你糟心的状况的态度。

委屈，是弱者让自己苦闷和逃避的理由，也是强者勇于自省、查漏补缺的动力。

那晚一起吃饭的阿建，28岁，从大学毕业到现在，不过5年时间，就从普通文员做到了项目经理。

阿建说，他在还是职场菜鸟的时候，收入不高，连请人吃个盖饭都得盘算着最好不要再加菜了；工作却贼累，没日没夜地干活儿，最后连女朋友都因为他无暇陪伴跟他拜拜了。就这样，他还常常挨老板骂。

阿建是学日语的，一开始在那家外贸公司做文员，有一些进口产品的英语说明书，老板总拿给他看，让他也提提意见。可能在老板眼里，日语、英语都是外语，触类旁通也说得过去。可毕竟有许多专业术语很难准确理解，经常是他说的老板不明白，老板想要的他又解释不清。老板一骂，他委屈极了，这明明不是我的专业啊！

后来，他给自己设了三个月期限。大冬天，下完班以后，坐着地铁从城市东头去西头上专业英语辅导班。回到出租房已过零点，屋外滴水成冰，屋里暖气坏了，没时间去修，半夜得裹上三个被子才能入睡。坚持了三个月，他再看那些英语说明书，明显顺当了很多。

阿建说，后来想想，那三个月是很辛苦，可又觉得充满希望。每天都有新的收获，并且你清楚地知道，你吃的那些苦，是为了今后不用再这么慌慌张张地活着，是为了让今后受的委屈能少一点。

所以你看，职场上，没有谁比谁过得更轻松。那些让我们羡慕的成功者，谁不是被打败了感到委屈，然后拍掉尘土继续前行。

受了委屈，你以为摆脱这个岗位就会好了，你以为熬过这一段就好了。其实不会，这个活儿干完了还会有下一个，这个困难过去了，还会有别的困难接踵而来，源源不断。尤其当你逐渐成熟，你会承担更大的责任，有更重的压力、更多的委屈。

不是有句话吗，如果你觉得这次的委屈特别大，或许是因为这次的收获也格外大。

我只是怕，随着年龄的增长，曾经不知天高地厚的心态老了，膨胀的激情被现实挤得干瘪了，我们会因此失去了对委屈的感知能力。

如果是真的委屈，怕你已经不愿再去争取自己应有的权利，得过且过；如果是自以为的委屈，怕你丢了锐气，没了想要去完善和改变的渴望。

这样看来，受点委屈或许也并不总是坏事。委屈的存在，不仅仅只是为了拿来打击和考验我们，可能也像一个提醒，让我们不要忘了还可以去努力变成更强更好的人。

当你真的战胜了那些让你觉得委屈的事情，你才能前行。

道路曲折，但终会到达。

如果你选择了放弃，就不要抱怨。因为世界是平衡的，每个人都要通过自己的努力去决定生活的样子。没人扶你的时候，自己要站直，路还长，背影要美。

CHAPTER **04**

不要被短板
拖住步伐

要努力做一个可爱的人，
不埋怨谁，不嘲笑谁，也不羡慕谁；
阳光下灿烂，风雨中奔跑；
做自己的梦，走自己的路。

我不太肯定我的方向，
但是我希望自己能走远一点。

稳定的情绪在生活中是多么的重要！遇到事情，深吸一口气，不发怒不抱怨，想解决方案。解决完叹口气，没解决也不要爆发，毕竟爆发只能造成更多受害者，越亲的人，伤得越重。

别放任你的情绪

小白是我们团队的主持人，姑娘什么都很好，就是死轴。经常对着录音设备，因为一句话读不清楚不吃不喝，有时候差点把录音设备砸了。

结果呢？越读越差。越努力，越失意；越失意，越悲观；越悲观，越觉得自己什么都不是。

大学那年，她参加同学生日的party（聚会），所有朋友在楼下等她一起去一家特别棒的餐厅吃饭，那家餐厅很难预定，过了时间就要再等很久。几个姑娘在楼下给她打电话让她快点，可她偏偏有一句话就是读不清楚，一句话读了快20遍。半小时过去了，楼下的姑娘们牢骚满腹地冲了上去，结果看到她正对着录音机大发雷霆。

要不是姑娘们及时赶上去，录音机肯定被砸了。

那天，也没去成那家很棒的餐厅，几个人在一家小餐馆吃的饭，那顿饭对小白来说极其漫长，因为所有人都在指责她浪费时间，耽误了一个美好的晚上。

而她不停地道歉。

那天回到宿舍，她坐在录音设备旁边，忽然发现，这句话读得通顺了很多。

她忽然开始后悔，要是自己没有被情绪左右就好了。那样的话，吃上

·124·

了好吃的，又没有得罪朋友，最重要的是，这句话还可以读清楚。

后来，她在工作中学会了深呼吸，当遇到死轴过不去的时候，就赶紧换个思路再回来，效率果然就高了很多。

人是一种很特殊的动物，因为有喜怒哀乐而变得和其他动物不同。不幸的是，人却总是会被情绪左右，有时候兴头来了，去你的天王老子，我都可以不管；有时候嗨了，管你明天上不上班，今天咱们喝到尽兴。

可是之后呢？

第二天一定头疼，头疼后就上不了班了，然后被老板骂，甚至丢了工作。

这种任性的生活状态很让人向往，尤其是对我们这种江湖人士，随性一点，自由一点，多潇洒啊。

可如果是团队合作，涉及工作事业，这样总被情绪左右的人，终究会吃亏，或者把队友坑了。

换句话说，如果只是一个人，随心随性也就罢了，可是如果是一个团队合作，情绪这东西，能少一定要少。

曾经有一个导演跟我说，她的一个女性朋友负责她跑路演的一站，那是他们第一次合作，本来以为这姑娘很靠谱，人也很不错。

不过整个团队到了影院，才发现没人接待、展板也没做好。最重要的是，整个电影院零零散散地就坐了几个人，宣传几乎没有。

那场活动办得一塌糊涂，导演回到北京，才知道那个姑娘非常情绪化，这两天正在和男朋友吵架，一气之下把手机关机了，谁的电话也不接。

自然，工作也没有做。的确，这一关机，自己爽了，但把整个剧组给晾在那里了。这个导演后来再也没和这个姑娘合作过，甚至也很少联系。

他说，她实在是太情绪化了。

的确，当你遇到一个超级情绪化、整天被情绪纠缠的队友，将会是一件非常麻烦的事情。

我曾经有一个朋友，去一家500强公司面试，人家决定要他后，他问了对方一个问题，当没有得到满意答复后，他转身就走了，没有签。

我问他，你问的啥问题。

他说，我问他们老板结婚没。他们说，没。40岁还没结婚，肯定是个工作狂，我可受不了半夜三更给我打个电话叫我起来加班的生活状态。而且，一个性生活不和谐的老板，情绪会非常不稳定，上午笑嘻嘻下午就开始骂人，这样你让我怎么和他一起工作？

事实证明，是真的。

那个老板是出了名的坏脾气，经常半夜三更因为PPT上的一个标点符号让员工起来改，员工几乎都被折磨到半死。

其实假如他能控制住情绪，改一个PPT这种事情根本不用那么着急，明显可以第二天去做，何必非要大半夜把人叫起来去折磨他。所以，可见有一个稳定情绪的老板是多么重要。

尤其是领导，当遇到一件大事，底下的人乱成一锅粥，领导若跟着一起乱，团队不散才怪。

其实生活也是。这些年，我特别佩服我父亲的一点，就是他从来不把工作的事情带回家里，我在生活里从没听他抱怨过工作种种，虽然等我长大后才知道他的工作也有过不顺心的时候。

大多数情况，他回到家就丢掉了工作上所有不顺心的事情，偶尔我能看到他挤出的微笑。在他心里，工作的烦恼不能带到家里。

这点很伟大，因为据我所知，就有一些孩子因为父亲看了场球就挨了一顿打，因为母亲输了一场麻将就没饭吃。

孩子时常莫名其妙，总觉得好像是自己做错了，其实，不过是大人情绪的衍生在找碴。他们被情绪左右，最终把一件事情变成另一件事，负能量放大，受害者变多，最后得不偿失。

何必呢？

这些年，我愈发觉得稳定的情绪在生活中是多么的重要。遇到事情，深吸一口气，不发怒不抱怨，想解决方案。解决完叹口气，没解决也不要爆发，毕竟爆发只能造成更多受害者，越亲的人，伤得越重。

不以物喜、不以己悲的状态是让人敬佩的。

生活的高手，从来不会让情绪控制自己，然后做出后悔的举动，他们只控制情绪，变成生活的主宰者。

这些人，是生活的强者。

愿我们都能活成这样。

有人在撒谎，却不能拆穿；有人很厌烦，却不能翻脸；明明是自己走的路，却偏有一些无关的挑拨……人生有很多这样的无可奈何，但遇到糟糕的情绪就表达出来，只能说明你很在乎，让见不得你好的这些人看了笑话。看好自己的心和嘴，聒噪不难，难的是保持沉默。

我们总把来不及做的事，留给下一年；把来不及付出的感情，留给下一任；把来不及说的话，留给下一次悔恨。"来不及"不是没做好准备，而是没下定决心。当你不那么在意结果，凡事敢迈出第一步，你的"可是来不及"都会变成"幸好我做过"。

别怕来不及，只要你在坚持

高中的时候，班里一共44人，全年级8个班。高一和高二我一直是班级倒数前10名，因为对高中科目不是很感兴趣，当然也跟自己不太努力有关。

高三开始的时候，想努力突破一下，却不知道怎么突破，下了很大决心去学，但是觉得同学们实在太强了，简直无法超越。

我挨个科目问老师求打气，说："老师，我现在努力，还来得及吗？"绝大部分老师的回答都是："来得及，好好学。"

只有历史老师，眼都没抬地说了句："我说来不及，你就不学了吗？"

当时挺郁闷的，心想什么老师这么说话，但过后想想又的确是这个理。

于是把重心从问别人转到了拼命做题学习上来，再也不去想"来不来得及"这种破事了。因为的确，别人说来不及还是要学的，多问也是给自己添堵。

那一年里我每天只睡6个小时，身体差到每个月挂吊瓶。但后来奇迹真的出现了，我从班里后10名急起直追，在第三次模拟考试的时候进入了班级前10名，第5次模拟考试进了年级前10名，后续的7次模拟考试中一直在年级前50名。老师和学校都很惊奇，逐渐把我作为清华、北大的重点苗子开始培养，并安插进了周末的尖子班。这个班很厉害，年级尖子班一共50人，周末抽调全校最强的老师集中免费补课，目的就是冲刺清华、北大。

当然后来我没考上清华、北大，数学分数还是差了点，智商问题。只进了一个普通的985，也算是给高中一个满意的答卷了。

我以前写字巨难看。研究生第一年的时候，决心改变一下。

都23岁了，还能练字吗？问人，问网友，90%的答复都是晚了。

果真这样吗？我又想起5年前历史老师的那句话："我说来不及，你就不学了吗？"

然后我就报了一个硬笔书法班，煞有介事地跟一群10岁的小朋友做起了同学。

再后来，风雨无阻地练了一年的字，每天2个小时从未断过。

一年下来奇迹就发生了，我连过去怎么写字都不会了，提笔就是新练的字体，很快就被校研究生会的老师发现，并且调我去做了个校研究生会的什么书记员。直到后来考公务员的时候，一笔好字还是给了我很多优势，从100来人当中脱颖而出。

工作逐渐稳定下来，又琢磨着学点什么，挺喜欢听钢琴的。小时候家里条件不好没学成。现在能不能学学？都28岁了。

问人，问网友。99%的人回答，晚了，没法跟5岁学琴的孩子比了。

我想想，我今年30岁，我要是75岁挂了，还能活45年，30岁学钢琴，学到40岁也学了10年了。50岁的时候也能弹点什么像模像样的曲子了吧？现在不学，50岁的时候不还是啥也不会？

然后又想起那句话了："我说来不及，你就不学了吗？"

于是找了个老师，研究了一下钢琴型号，租了台钢琴就搞起来，又当起了老师最老的学生。老师同期带的学生一般都是五六岁的孩子，还有一个18岁的妹子，一个22岁的小哥。

然后，我就风雨无阻地学了一年钢琴。昨天老师跟我说，可以考虑考二级了。因为考级曲目已经拿下来了。问我要不要试试。我想想还是算了，考完级还得加钱。养孩子手头紧，等弹过了599再考虑吧。反正简单的儿歌和流行歌曲啥的弹弹已经没啥压力，哄儿子的时候弹弹儿歌挺好的，儿子听得很开心啊。同期一起学的妹子和小哥早就不学了，5岁的孩子也放弃了好几个。我就这样又成了孤独的老学生，继续往前走。

有时候人就是这样，想的东西越多，就越什么事都干不成。听多了网上的言论，什么都没干就开始怀疑自己。真心不应该。

我刚上班那会儿，我们老板说过一句话，现在社会想要成功太简单，只要1%的努力+99%对网络的抵制就成了。现在想想和那个历史老师的话基本是一个意思，不要太注重无关紧要的看法，认准目标就静下心来干，总会有结果。人不怕笨，就怕被网上言论影响得连自我超越的勇气都没有了，那才是真可悲。

所以跟大家分享这句话："我说来不及，你就不学了吗？"与友共勉。

青春的美好，在于永远都不会来不及。你可以犯错，可以反悔，可以跌倒，可以重新出发，但是，千万不要放弃。相信自己，你所拥有的能量，足以把这个世界变得更美好。

人生最可悲的事情，莫过于胸怀大志，却又虚度光阴。觉得自己不够聪明，但干事总爱拖延；觉得自己学历不高，可又没利用业余时间继续充电；对自己不满意，但自我安慰今天好好玩明天再努力。既然知道路远，那从今天开始就要早点出发。

别再拖延，放下焦虑赶紧行动起来

我们之所以焦虑，往往是因为自己和目标差距太大，或者和别人的距离太远，不知道如何下手而已。

其实，你不是唯一苦逼着、焦虑着的人。那些并不觉得焦虑的人，只是因为他们正在做那些让他们焦虑的事情。打败焦虑最有效的方法其实很简单：立刻、马上去做那些让你焦虑的事情。

分享两个故事。

几年前，我在考研班上课，那个班上，来了一个30多岁的女人。她告诉我，自己本来当全职妈妈，后来老公出轨，自己的世界忽然坍塌了。于是她决定考研，经济独立，改变自己的生活。

我听得入神，以为是一个励志的故事。结果她说，因为自己太久没学习，现在英语也就是停留在小学水平，现在准备还来不来得及？那时，离考研还剩两个月。我没说话，只是轻轻地跟她说，加油，豁出去努力，别管结果。

后来，我才知道，她拿出了所有的积蓄，报了英语、政治、专业课的一对一辅导班。她出现在我一对一课堂上时我都有点震惊。

我说："干吗报这么贵的课？"

她说："来不及了，只有全力以赴了。"

那段时间，我每天连轴转地上课。只要是她的课，她都会提前10分钟在门口等我，然后拿出单词书背单词，她把零碎时间用得很好。我赶校区的时候，她总是要求开车送我，这样能在路上问我一些问题。

有一天，我看到她额头上有两个重重的火罐印。她不好意思地说，中医说，这样有利于记忆。

她的头发好久没洗，衣服也没怎么换，每次来都跟我道歉，说自己失态了。

直到开考前，她还给我打了一个电话，说考前拜拜大神，沾点运气。我无语。

最后，她考上了中央音乐学院，成为那一期年龄最大的研究生。

这件事后，我也明白了，只要出发，永远不晚。

但世界有时很不公平，有时候，你的努力并不会有你预期的收获。

让我再讲个"负能量"的故事吧。

口译狂人Allen老师前年备考的时候也是一样，还有3个月，他忽然给我打电话说要考研。我第一个反应是，太晚了。他说，努力了，没达到预期，至少自己不后悔嘛。第二年，他落榜了，差了10分。

三月份，在短暂的休息后，他在北京租了一个单间，开始长达一年的复习，以第一名的成绩考上外交学院。

我问过他，如果早知道今年才能考上，去年那3个月是不是就不学了？

他说，没有，虽然那3个月没有考上，但那时我出发了，如果那时不出发，后面也不会出发，那3个月让我明白，人生还长着呢，只要出发，永远不晚。

其实，世界可以很公平。

的确，人最可怕的，就是为了潇洒地迈出第一步，最后迟迟停滞不前，从此再也不出发。

如果你还在纠结，还在焦虑，还在迷茫，我想认真地告诉你，你不是一个人在苦逼。

那些看起来一点都不费力的人，谁知道他被论文、考试虐过多少次；

那些整天在笑的人，谁知道他深夜哭过多少回；那些站起来的人，谁知道他背后跪了多少次。

那些人之所以成功，是因为他们永远不去拖延，他们永远在路上，勇敢地迈出第一步。他们没时间焦虑，焦虑的时间都用来去做焦虑的事情了。

他们坚信，只要迈出第一步，永远不晚。

他们已经在路上，你呢？

生病了才知道身体多重要，毕业了才知道学生时代多美好，错过了才知道曾经拥有的多宝贵……我们都太后知后觉。不要再等待，不要再拖延，想到什么就去做吧，有些事等到你发现它有多重要才去做时，已经来不及了。

那些受过伤的傻姑娘，请补偿那些对不起自己的日子。重生是一个坚强又优美的动作，你会发现爱自己比爱别人更容易，也更值得。这世界上再大的背叛都不需要什么残忍的报复，你所要做的，唯有争气。

看得起别人的成功，
是我们走向成功的第一步

我上高中那会儿，真的见识到了什么叫作"山外山人外人"。

班里有个黑瘦黑瘦的同学燕子，上物理课从来只听10分钟，剩下的时间就偷看抽屉里的漫画书，但奇怪的是，她每次物理考试都是第一名，物理老师在劝说无效的情况下，也只能默许了她的行为，并且对我们说："如果你们能和她一样，每次考试得第一，你们也可以这样。"

我当时突然意识到原来人和人之间真的存在一些差距难以逾越，比如天分。

我在物理学科上实在没有什么天分可言，平时学得挺吃力，第一次期中考试物理成绩勉强及格。

"哎，小燕物理成绩那么好，是因为天分使然。"我在心里一遍又一遍告诉我自己。

渐渐地我丧失了学物理的动力与信心，因为我觉得任凭自己如何努力，都无法赶超小燕的。

何况我还听小道消息说，小燕的妈妈也是物理老师，有个物理老师妈妈，难怪小燕的物理成绩不用努力就可以那么好呢。

我越来越觉得自己物理成绩不好是多么天经地义的一件事。

直到有一天，我的死党敲醒了我。

那是一次物理课，老师安排大家做实验，我跟死党分在一组。我整个人的状态都是萎靡的，死党让我做什么我都显得懒洋洋的。

"喂，你怎么了啊？谁欺负你了吗？"死党问我。

我说我感到浑身没劲，因为我不想学物理了，因为我觉得再努力也是学不过小燕的。

死党听完笑了："对，天分这个东西确实存在。不过你以为小燕的成绩是那么轻松就获得的吗？"

死党家就住在小燕家附近，她说其实小燕回家可用功了，她之所以能够做到只听十来分钟就能全部掌握上课内容，是因为她头天晚上就把第二天的课程全部预习好了，所以第二天上课她才能游刃有余，只要听下重、难点的讲解就可以了。

我听完之后瞠目结舌。

后来我才慢慢听说，原来那些脑袋聪明的尖子生不仅聪明，关键是他们在用心学习，渐渐掌握了一些事半功倍的学习方法，比如做好课前预习以及课后总结复习工作，而不是只知道疲于应对课堂知识，从来不预习，有时候甚至连复习都做不好。

所以他们能在课堂上表现得如此轻松，不是没有缘由。

我后来渐渐想明白了一个道理，那就是即便人与人之间存在一些天资上的差异，但是一个天资好的人如果不努力同样一无所成，而一个天资不好的人也可以拼命做到很好。所以最终拉开人与人之间差距的，还是努力。

从此我端正了学习态度，经过努力，我的物理成绩也能保持在80分以上。

上班没几年，我得知另外一个同学小敏考取了公务员。

小敏高考那年发挥失常，只考取了一个普通本科院校，不是"211"，更不是"985"，毕业之后去了一家小公司做网管。实在受不了低薪的工作和小公司的各种不稳定，她在业余时间发奋努力，终于通过了公务员的笔试及面试，去了一家令人艳羡的单位上班。

小敏告诉我，她身边好多人都觉得不可思议，传言最多的就是说她家有人，也不知是花了多少银子打点才把她塞进了那家单位，云云。

其实按照公务员的游戏规则，你家里再有人，你笔试成绩好歹都要入围不是？如果你的笔试成绩都入围不了，估计再有人也白搭。

另外小敏告诉我，就算入围的对手关系再硬，如果你的笔试成绩有明显的优势，他们也不会轻易把你拿掉，所以公务员考试还是相对公平的。

我相信小敏的话，因为我深知小敏的家庭背景和这些年的经历。所以我再次发现，踏入社会的我们最终拼的还是努力。就算你有非常厉害的父母，你自己却"烂泥扶不上墙"，外力再好又能怎样呢？

我开始尝试着看些励志文章，也渐渐发现身边很多人都是励志对象。

家门口附近那家安庆包子店，开了十来年了，夫妻两人每天四点多就起床包包子，在合肥买了房，把孩子从农村接到城里来上学；菜市场后面有个卖凉皮、米线的小摊，摊主是个笑容可掬的大婶，做凉皮、米线也有七八年了，她的汤料味道特别好，所以每次她的凉皮摊前都排着一溜长队；儿子小学门口卖顶顶糕的老爷爷，他的糕配料很好，而且做得特别香，所以他的生意也是特别好。

我们无比羡慕这些人赚了大钱，每每听人说，别小看这些做小生意的人，他们一年赚的钱比上班的多多了。

可是他们的努力程度岂是上班族可以比的？他们哪个不是每天起早贪黑辛勤劳作，并且是全身心投入？没有节假日，没有双休日，最多过年休息几天。

如果我们能够像他们一样这么努力，工作又怎么会有做不好的道理呢？工资又怎么可能不上涨呢？

承认别人的优点，看得起别人的成功，才是我们走向成功的第一步。

我知道现实中充斥着"努力无用"的论调，但是我越来越认识到，人生而不平等。如果你不愿意相信自己的努力可以改变自己的命运，也同样不相信别人的努力带来了丰硕的果实，你会活得越来越不幸，并且会感受到越来越多的不公平。

如果我们再不努力，和别人的差距只会越来越大。直到后来，他们都成了我们艳羡却永远够不到的人。

就算大雨让这座城市颠倒，我会给你怀抱……小合作要放下态度，彼此尊重；大合作要放下利益，彼此平衡；一辈子的合作要放下性格，彼此成就。一味索取，不懂付出，或一味任性，不知让步，到最后都必然输得精光。原来，最想留住的幸运只是感觉累时有个拥抱。一个开怀的拥抱，一个善意的行动，胜过千言万语！

当你开始承认并接受不够好的自己，你才不会在做错事或失去的时候佯装坚强地说"我不在乎"，而是懂得收拾好失望沮丧害怕的情绪，继续向前走。直到某一天，你将明白自信与笃定的应该是什么。

你的那些不好的经历都会是你特别的财富

那一年，我辞掉了在家乡的稳定工作，拎着行李前往北京，考学，进修，寻梦，过了好几年着急忙慌的日子。我像每一个出门在外的年轻人那样，感觉自己一刹那步入了璀璨的世界，放眼望去，到处都是看似金光闪闪的机会，每天都有一跃而起的年轻人。

那时，我对未来有太多不切实际的憧憬。我渴望早日赚到大钱让父母过上安逸的日子，渴望得到一份完美的幸福爱情，渴望拥有能互相扶持携手并进的知己好友，渴望能有一部属于自己的电影，渴望到世界各地旅行拍美照，渴望与众不同……

于是我马不停蹄地寻找机会，精神紧绷地面对工作，为得到肯定拼命对别人好，为抵达目标做过不少傻事。年轻的时候，人总是笃定自己是最好的，也笃定只要尽力了，就一定能做到最好。可偏偏就是怀着这样的笃定，每一件事的结局，都和想象的不同。

有一阵子，我连揽了三个活儿。不问名，不问报酬，白天拎着笔记本挤地铁，去开一个又一个的会，每天夜里加班，一稿接一稿地改。可人生不如意不公平之事十有八九，三个项目，最后没有一个谈成。

第一个项目，因为资金问题最后搁浅了；第二个项目，因为制片人的朋友塞来熟人把我顶掉了；第三个，却是因为一件现在回想起来觉得特别傻的小事儿，自己放弃了。

那时，我在一个公司写一个小项目。有个朋友让我帮她把她手底下的一个演员推荐给我认识的一个剧组。尽管并不是我分内之事，而我又人微言轻，自己还在跟着学习阶段，却还是怯怯地把照片递到了导演组。然而并没有适合那个演员的角色，所以事情最后没有成。

我自然是回头去跟拜托我的那个女孩做了解释，她当时淡淡地说，没事。而等我开完会刚走出公司，就听见她转头对别人说："玥玥既不成熟也不成事，换掉吧。"她是不怕被我听见的。而当时公司里的其他人，也没有表现出任何反对，毕竟我只是个连脚跟都尚未站稳的小虾米。

那天我回到家时已是深夜，打开门看见屋子里一地的水——洗手间的水管爆了。我一边打扫满地狼藉，一边止不住地想，为什么自己已经很尽力了，却还是一事无成、一无所有，甚至连一句肯定的话都得不到？

我的一个好朋友听说了这件事，恨铁不成钢地看着我说："你为什么就那样走掉呢？你应该跟她说理，你本来就没有义务帮她！凭什么因为这个刁难你？"我说："我难过，是因为我的确觉得自己既不成熟也不成事……"那是我第一次认识到自己渴望得到的太多，也认识到，其实自己当时的能力根本就胜任不了自己的渴望。

那个夜晚，我打扫完房间，站在第21层出租屋的阳台上向外看。路上依然有夜归的人在走，而不远的写字楼里，还有数间办公室亮着灯。我想，在那些灯下，一定也有人和我一样。有人在开心地笑，也有人在委屈地哭，有人因为幸运而惊喜，也有人因为倒霉而绝望。

我突然想起自己辞掉稳定的工作，来到遥远的城市，是因为心有所愿。不甘心乏善可陈的生活，就要付出代价；有一颗想要闯进陌生世界的心，就没有资格抱怨路太黑。那一刻我发现，我的所有担忧恐惧归根结底，都是因为我认识到自己还不够好。

我们害怕，只是因为我们和想象中的自己相去甚远。我们害怕，是因为我们追求的，有时候并不是真正的"梦想"，而是那些"别人都拥有的"。

年轻的时候，谁都经历过失败，谁都有无法发泄的心事，偶尔有负面的情绪，其实并没有什么错；看见别人的好就想要得到，看见别人能做到的，就以为自己也可以，这种想要变得更好的心没有错。错的是我们在追逐梦想的过程中，会偶尔忘记自己究竟喜欢什么，自己又能做到什么；错的是我们没能先去承认自己并不完美，就急切地想要去追求并不存在的完美。

正因为如此，我们所谓的努力才看起来就像无头苍蝇在玻璃罐中乱转，殚精竭虑却可悲可笑。

别人站在高处，必定有他的原因。无论外貌天赋，还是运气机遇、出身努力，甚至那些看起来不那么正确的代价，他一定有比你更好更强的地方。然而，并不是看了伟人传记你就能成为伟人，并不是看见别人成功的道路你就能同样走得好。

当你开始承认并接受不够好的自己，你才不会在做错事或失去的时候伴装坚强地说"我不在乎"，而是懂得收拾好失望沮丧害怕的情绪，继续向前走。直到某一天，你将明白自信与笃定的应该是什么。到了那一天，你发现就算结局很糟糕，你依然不会倒下。而你经历过的一切，哪怕看起来支离破碎微不足道，也是属于你的独特财富。

到了分道扬镳的路口，就该做选择。很多时候我们一直拖，以为可以逃过选择的节点，走远了才发现自己早就下意识地做了选择。你躲不过，你会长大，会遇见不公，会遭受挫折；你逃不了，你会承担，会学会接受，会遇到孤独。你的未来都是你现在决定的，所以该选择时不要犹豫。前半生不犹豫，后半生不后悔。

和踏实笃定的人亲近，看生活被支撑起来的样子，而不是被虚妄膨胀。我们曾经幼稚的虚荣心，迟钝的是非观，都该被打磨成应该成为的样子。需要被放下的，一直松不了手的，也该好好地道别了。

坦然地安置你的虚荣心

前阵子跟朋友吃夜宵，酒足饭饱后我就跟他讲，你知道人和人之间的差距有多大吗？我高一的时候跟闺蜜出去逛街，闺蜜在COACH（蔻驰，一品牌名称）店门口说这家店的包包我爸让我随便买。

但你知道吗，我当时没有概念，就觉得这些包包全是"C"的Logo（商标），我都不知道它是奢侈品。

朋友就感叹，你看看短短几年发生了什么，现在你也是每天挣钱嚷着买包的人了。

我说对啊，有什么不好。

回望这几年的成长，竟觉得是有种力量在冥冥之中驱使着我。这种力量，正是被广为诟病的虚荣心。

［01］

我的少女时代并不美好，没有长腿少年，没有好看的衣服，脑子大概也没年级排名总掉不下去的那几个学生聪明。我在挫败中，一点点熬过本该轻飘飘的十六七岁，一步步在青春这条狭长潮湿的走廊里挪。

我嫉妒总被男生表白的那个女生，我嫉妒数学压轴题永远得满分的那个女生，我还嫉妒拿专柜手提袋当垃圾袋的那个女生，我满脑子都是别人有多好，我悄悄把她们那些了不起的地方记在心上，告诉自己：喂，有一天你也可以呀。

于是我起早贪黑，发疯似的学习；我开始抽空看时尚杂志，至少知道怎样算是穿得好看，干净又大方；我不住校，每月没有固定生活费，不好意思张口和父母要，就开始打密密麻麻的文档，投稿挣钱。

人年轻的时候心态的确是狭隘的，说得俗点，也就是"看见别人有，我也想要"。我一无所有，生活也不打算赠送，那好，那我就自己用汗水换吧。

但我不后悔，一点也不。也不遗憾"当时为什么把无忧无虑的日子过得那么苦大仇深"。因为每当我回头看，还真的会渐渐清楚，如果永远对自己满足，大概能活得安稳妥当，但会少了野心，少了生机勃勃的、想去拼的劲头。

前段时间我咨询一个富二代姑娘口红色号的问题，对方认识我很长时间，知道我以前是灰头土脸那种的。我说入了稿费准备买TF（汤姆·福德，一口红品牌名称），她回过来一串省略号，她说你变了，以前你不喜欢这些东西的。

我想她不懂，以前我不是不喜欢。对所有五光十色的东西，作为一个少女很少有不爱的，但以前我没办法拥有它啊。至少现在通过自己的努力，我可以试着，一点点去填满那种，你们说的，"无用的虚荣心"了。

我从不觉得有虚荣心是件彻头彻尾的坏事。

[02]

我们没被分到人生胜利组，有的人根本不在乎这种不公，那很好，那是大度，是豁达。

但是，我呢，一点也不大度，一点也不豁达。我就是觉得啊，既然总有一个人要赢，总有一个人要在人群里发光，那么，那个人为什么不能是我呢？

人天性都是懒的，有时候"勤勤恳恳建设美好人生"的正能量，还真的比不上一股带着酸气的"凭什么她就可以，凭什么我不行"。而真的是那些嫉妒，是那些"我也要这样"的所谓虚荣心，引领我一步步穿越那片风雨不停的丛林，一步步强大起来的。

如果没有"恨"，恨命运不公平，恨自己不完美，恨别人站得高，我们大概只会原地踏步。忘了在哪里看到的话了，说人如果过早就满足了自己，必定也走不远。

很多人对虚荣心一顿骂，就拿包来说，世人还是倾向于怀念帆布背包的岁月，总觉得要是年纪轻轻的女孩手里出现了不合身份的贵重，多半都有蹊跷。

我倒想说，其实长大后的女孩子爱包包跟她们小时候爱芭比娃娃爱粉红色蕾丝裙并没有本质上的区别，不都是想要一点心爱得不得了的东西捧在手里？

都是少女心，但前者不那么好安慰而已。

[03]

但我绝不是歌颂用非正当手段满足虚荣心的人。我只是觉得，人的成长需要动力，要快速成长为优秀的出众的人，你真的需要一股远比"但愿"强大得多的力量。

那些惊觉自己原来从未被上苍青睐的黑暗岁月里，推动你前进的，除了鼓励和温暖，还有一股悄悄藏在心底的不服气。

你不服气——凭什么别人有，我就没有？凭什么我做的就没得到承认啊？我也要一眼就被看见，我才不当默默无闻的黄脸婆呀。

也要说句，不服气很好，有追求生活更高处的"虚荣心"也很好，不过求之要有道，因过于渴望而走上歧路，那就是另外一码子事了。

我在上海西南角写稿，想买的衣服和化妆品都是自己挣来的。你要说虚荣心，我承认我有的，因为买回来堆砌的这些东西早就超出实用的范围了。

但我跟那个16岁的自己很不同了，我依然在感受落差，我依然有很多个不服气的时刻，还会暗暗觉得自己根本就是命很苦。但我没以前那么难过了，我很坦然，我知道怎么安置自己的"虚荣心"。

世界从来都是不公平的，现在是，以后也是。我要不断努力，不断努力，直到有一天，再也不用羡慕别人。

如果你要做一件事，请不要炫耀，也不要宣扬，只管安安静静地去做。因为那是你自己的事，别人不知道你的情况，也不可能帮你实现梦想。不要因为虚荣心而炫耀。也不要因为别人的一句评价而放弃自己的梦想。其实最好的状态，是坚持自己的梦想，听听前辈的建议，少错几步。值不值，时间是最好的证明。

批评中长大的孩子，责难他人；恐惧中长大的孩子，常常忧虑；嘲笑中长大的孩子，个性羞怯；羞耻中长大的孩子，自觉有罪；鼓励中长大的孩子，深具自信；宽容中长大的孩子，能够忍耐；称赞中长大的孩子，懂得感恩；认可中长大的孩子，喜欢自己。

羡慕和嫉妒都是别人对你的一种肯定

西西拿着BEC（商务英语考试）高级证书跟我说："我准备去一个还算比较有名的外企工作了。"

西西是一个把大学前两年的时间都用来宅在宿舍追一部又一部电视剧的宅女，并且她认为追剧的数量代表着她在电视剧行业的成就。因此她除了吃饭、睡觉和上专业课，电视剧的播放几乎没有暂停过。

直到突然有一天西西发了一个微博："今天开始我要努力了。"附带BEC考试必备书籍的全套照片。

当然，我也看到了微博下面的评论："你不看电视剧了？""你也开始学习了？""直接就来BEC高级，你确定？"

西西没有理会这些质疑，而是开始每天"教室——食堂——宿舍"三点一线的生活。

时间一长，一些平时跟西西关系还算近的朋友说："叫她干吗，人家是要做学霸的，人家怎么会有空跟我们玩？"一些在班级中成绩不算好也不算差的同学说："你看她现在分享的微博都是英语，好像只有她是出身英语专业似的。"

西西依然每天走在校园中固定的小路上，按照自己的计划和安排准备着考试。当然，以之前追美剧而潜移默化形成的语感加上将近一年的刻苦努力，她最终拿到了BEC高级证书。

不过，就算是在这张通过西西自己的努力与勤奋得来的证书背后，我还是听到了一些别的声音："人家现在可是学霸了，高级证书都随随便便就拿到了。""人家本来就聪明，要是我，努力一辈子也考不到。""我从没看出来原来她这么厉害啊。"

这是两年前我一个朋友的故事，后来这些总在背后盯着她评论她的人因为找到了下一个目标，于是转移战场去"攻击"一个看起来高高瘦瘦的姑娘，听说是因为这位姑娘最近喷着一款牌子还不错的香水。

我们的身边总会有这样的人，他们害怕自己的付出得不到收获，还不愿意面对别人的努力，比起自己虽然努力却失败，更害怕别人通过努力而成功。

只是因为——他愿意承认大家开始是站在同一条起跑线上，却不愿意面对最终赢得比赛的却是你。他们害怕失败，还没开始努力就害怕最后的结果是失败，害怕自己也会变成别人眼中嘲笑的对象；害怕自己下定决心还是会三分钟热度，半途而废；害怕说好的一起努力，为什么你就比我取得了更大的收获。

所以他们开始敷衍自己，反正辛辛苦苦付出也不一定会换来好结果，就好像担心一个全副武装准备好战斗的战士想帅气地披荆斩棘却被敌人打得落花流水很丢人一样，那还是不要去尝试了，至少不会颜面扫地吧。

终于，他们这种不敢面对、不愿意相信自己的心理变成了不愿意相信别人的心理。

凭什么你努力就可以成功？凭什么你过得比我好？

凭什么明明我们是一同起步，你却比我优秀了这么多？

我要盯着你，好看到你也会失败。

自卑容易让人嫉妒，嫉妒容易让人盲目。他们看不到自己差在哪里，也看不到你取得成就所走过的路，他们一厢情愿地认为，你得到的一切都是因为运气好有天赋，而自己只是没有那个福分，他们用嘲笑的方式来拼命掩饰自己内心的自卑感。

嫉妒总是狭隘的，因为它总会发生在与你条件相当的人身上。

于是，在他们的世界里，你不能穿高档的衣服，不能挎名牌的包包，不能取得比他们优秀的成绩，不能赚比他们更多的钱，不能在任何领域领先他们。

其实，他们也不过是想通过谈论你，获得那么一点存在感而已。世上的人千姿百态，我们总会遇到奇怪的人，每逢此时我都会用一句话来安慰自己——你要相信，你在生命里遇到的每个人，都有他存在的价值和意义。

如果你是那个为自己的坚持依然执着的人，不要理会他人的质疑，向着你的目标继续走下去。因为不论别人羡慕还是嫉妒都是另一种对你的肯定，你没必要为了获得他人的认同而停下脚步。路途遥远，总有与你谈得来的朋友伴你一起走。

如果你是那个有点自卑的人，不妨试着相信自己一次，给自己一点鼓励，去追寻你的理想并付诸行动，把用来遥望别人的时间铺成超越别人的道路。也许，努力依然不一定成功，但在努力的过程中，你总会收获不一样的自己。

我所有的自负都来自我的自卑，所有的英雄气概都来自我内心的软弱，所有的振振有词都因为心中满是怀疑。我假装无情，其实是痛恨自己的深情。我以为人生的意义在于四处游荡流窜，其实只是掩饰至今没有找到愿意驻足的地方。

人生需要"归零"。每过一段时间，都要将过去"清零"，让自己重新开始。不要让过去成为现在的包袱，轻装上阵才能走得更远。人的心灵就像一个容器，时间长了里面难免会有沉渣。时时清空心灵的沉渣，该放手时就放手，该忘记的要忘记。扔掉过去的包袱，时时刷新自己，必能收获满意的人生。

有时我们并不是不能
成功，而是身上背的包袱太重

有位朋友，业余喜欢写写文字，断断续续在报刊上发表了一些。用她自己的话说，是十八线小写手，大名就像阳光下的冰淇淋，转瞬就没影儿。

可就是这位十八线小写手，听说某位名作家到了她所在的城市，立即呼朋唤友要去跟名作家见面。朋友们皆是大吃一惊，天啊，人家多出名啊，只能在报刊电视上见到的人物，会理咱这种小人物吗？要去你去，反正我不去高攀。

没人愿意一起去，她就一个人去了。

朋友们对她高攀名人这件事儿挺不屑的，顺带着有些幸灾乐祸，呵呵，你就热脸贴人家冷屁股吧，看你到时有多难堪！

结果，出乎所有人意料，她不但见到了名作家，还一起喝了下午茶，名作家不但埋了单，还送给她一本签名书，顺带解答了她很多写作方面的疑惑。这次高攀之行，可谓收获满满。

尝到甜头后，她就经常干这些高攀的事儿。听说哪个作家来搞签售，她一定请假去捧个场，到哪个城市出差，也一定去拜访当地的名作家。虽然也遭遇过难堪，也被拒绝过，但几年下来，她还是比一般人见识了更多的名人。

见那么多名人有什么用呢？除了炫耀，她当然收获了很多，比如在这些人身上学到了很多优秀的品质，学到了很多写作的技巧，开阔了视野，整个人的眼界和格局发生了改变。

现在，她的文章越写越多，也越写越好，不但在报刊上发表得越来越多，也得到了一些出书的机会，从十八线一跃到了八线。虽然离名家还很远，但她相信，只要自己多从名家身上汲取营养，早晚有一天，自己也会成为名家。

有位亲戚，高中毕业后南下打工，在酒店里刷盘子，每个月工资不到2000元，这钱即使拿到老家，也依然低得可怜。

某一天，亲戚忽然说要买车，把周围人吓了一跳，大家都不明白，一个刷盘子的，买辆车是用来看的吗？于是，大家善心暴发，纷纷劝阻："年轻人，别太爱慕虚荣了，别以为满大街跑的都是车，你就可以买车，你买不起，也养不起的。"

但亲戚就是不听劝，车是买不起，但可以分期付款啊。很快他就拿了驾照，开上车喜滋滋地上路了。当然，做这一切的代价是，他不但花光了所有的积蓄，还借了父母亲戚不少钱。

对于他这种不理智的烧钱派，大家除了摇头，就是叹息。看着吧，早晚有一天他得卖掉车，老老实实刷盘子。

让人没想到的是，亲戚买了车，就不再刷盘子了，天天开着车到处晃悠。本来一个刷盘子的穷小子，非得学富二代游手好闲，真恨不得一巴掌把他扇醒。

晃悠了一段时间，亲戚找到了一份销售的工作，这时候，他的车就发挥了作用，省去了等车转车的时间，他随时都能见客户，而且因为开着车，给客户一种他是金牌销售员的感觉，生意总是很容易谈成。

虽然刚开始工资还不够油钱，但很快，他就在公司站住了脚跟，成了真正的金牌销售员。现在，他不但买了房，还换了更好的车，从一无所有的穷小子逆袭成了职场精英。

亲戚说，当初的那辆车，是他高攀了，以他当时的收入，根本开不起，但他就是想要一辆车，就是想过上有车人的生活。如果这只是一个梦想，可能永远也无法实现，还不如干脆把它变成现实，然后再努力维持这种生活。

有时候，梦想和现实是不一样的。现实会逼着你勇往直前，奋力突围，逼出你前所未有的潜能。

我刚到浙江打工时，和当时大多数外来务工人员一样，住在城中村简陋的民房里。没有卫生间，没有厨房，没有网线，而且离公司很远，每天骑车都要半个小时。

我对这种居住条件当然很不满，每次经过公司附近的一个小区，我都会仰望很久，然后轻轻地对身边的人说，我能不能搬到这样的地方住？

听到这话的人都会拼命摇头，告诉我，这里的房租有多么高。是的，确实很高，是我工资的三分之一了，而那个城中村的房子，只有两三百块钱，确实更适合我们这种低收入打工者。

我在那里住了半年，知道了有些人在城中村一住就是七八年，知道了新来的打工者都会住这样的房子，知道了搬到小区的人，都是涨了工资发达了的。像我这种刚来不久又没涨工资的人，唯一的出路就是住在城中村里。

刚开始我也安慰自己，别人都是这样过来的，凭什么我不能？但是随着时间的推移，那些自我安慰变得像泡沫一样易碎。没有卫生间，我每天晚上都睡不踏实，没有网线，我写好的文章就没有办法发出去。

半年以后，手里稍稍有了一点余钱，我便一咬牙，搬到了让我仰望无数次的小区里去。

对于我的这次高攀，其他人都很不理解，也觉得我是个贪图享受的人，在公司里碰到，大家都会表情怪怪地问："还住得惯不？"其实他们的潜台词很明显：周围都是有钱人，你自卑不？

我总是笑着答："住得惯。"不是客套，是真的住得惯，住得非常好。

新房子有厨房，有卫生间，有网线，还有大窗子，上下班也特别方便，走路十几分钟就到了。我不再晚上失眠，我可以为自己做顿美食，我可以安心坐在电脑前把写好的文章发出去。

心情一下子变得好起来，文章也陆陆续续地发了一些，偶尔有稿费单寄到公司，那些零零碎碎的钱，差不多也快够交房租了。

虽然住高档小区对于低收入的打工者来说，是一种高攀，但是我得到的，绝对比多付的那些房租更值钱。

在我们一惯的认知里，就是做人要脚踏实地，不要好高骛远，不要去高攀。事实是，有时候我们就是要抛下羞耻心，适当地去高攀一下。这样，我们能看到更多不同的风景，能给自己一种激励，能给生活带来更大的方便，能让梦想更早一点实现。

总是站在低处，视线会受阻，斗志会丧失，梦想会磨灭，不如放下那些包袱，大胆去高攀。让风从耳边过，把心涨成饱满的帆。

放下你的浮躁，放下你的懒惰，该好好努力了！有时候，要敢于背上超出自己预料的包袱，真的努力后，你会发现自己要比想象的优秀得多。

CHAPTER

好的人生，
上不封顶

当你走上不一样的路，
你就要经历和别人不一样的风景。
路再远，光再暗，
也不要停止前进的脚步。

世间成事，不求其绝对圆满，
留一分不足，可得无限美好。

许多人常因感情不顺而饱受痛苦，其实他们并不知道，自己迷恋的，可能只是内心塑造的一个幻象。自己总在编造对方应该是什么人，应该怎样爱自己……可对方不一定就是如此。一旦幻象与真实之间出现了偏差，有些人就接受不了、怨天尤人，却忽略了问题的根源在哪里。

别让自我定义束缚了你的种种可能

M大学时念的是新闻专业，毕业之际去广电面试。面试快结束的时候，面试官问了他最后一个问题："你有新闻理想吗？"M嬉皮笑脸地说："其他的我有，但新闻理想呢……一定是没有的。"出乎意料的是，M被录取了。这件事在M的朋友圈中被传为一段"佳话"。

后来得知，同去面试的几位同学中，凡是回答"有新闻理想"的全被刷下来了。本来，当时的M已决意"破罐破摔"，未曾料想，竟然"因祸得福"。

此后的两年中，M时常用这个问题自问："我到底有新闻理想吗？"短短两年中，M的上司、同事，已经有好几位陆续离开，要么去了互联网公司，要么投入内容创业。留下来的人中，无一不为自己的前途感到忧心忡忡。

作为入行不久的新人，M更是困惑。毕竟，同龄人中，月薪8K、10K者已经不是少数，而自己却拿着仅能勉强维持生计的工资，惶惶不可终日。

"理想能当饭吃吗？并不能。"

去年12月，女友提出要和M分手，原因是家里催婚，"不能再等了"。她把微博上看到的一段话发给他："男人最遗憾的事，是在最无能的年龄遇到了最想照顾一生的人；女人最遗憾的事，是在最美的年华遇见了最等不起的那个人。"

M看完无言以对。回想起毕业之际二人信誓旦旦要在帝都扎根的豪情与甜蜜，心里更是苦涩。女友离开北京的那天晚上，M给她发了最后一条短信："你走，我不送你。你来，无论多大风多大雨，我都去接你。"本意是希望女友回去要是后悔了可以再回来。如今看来，只觉得自己傻得可爱。

刚过去的这个春节，回想起来像是一场闹剧。年假7天，有4天被老妈强制安排了相亲。前前后后见了七八个女孩，有远方亲戚的表妹，有周遭近邻的闺女，长得都不难看，却没有一个聊得上话。

相完亲去参加同学聚会。恍然发现，当年的发小一个个有车有房，小孩儿都打酱油了。中学同学A说："大学生，现在应该在帝都买房了吧？"同学B说："来来来，喝一个，结婚的时候记得请我喝大酒啊。"

整场聚会，M一直以嗯嗯啊啊"应付"。并不是不喜欢说话，而是已经不知道怎么与儿时的玩伴沟通了——这种隔阂，让M自己都觉得惊讶，第一次感觉到"故乡"这个词如此陌生。

回到家，父母轮番轰炸，让他放弃北京的工作，回老家考公务员。M眉头紧锁，既不愿违背自己的内心，也不想让父母心寒。"回本地找工作？绝无可能。"毕业那会儿回家乡实习的日子还历历在目。"小城太安逸，节奏太慢了，适合养老，不适合奋斗。"经过一番复杂的心理斗争，M还是毅然踏上了返京的列车。

M的直属领导，是一个四五十岁的小老头，可以说是整个台里唯一一位有"新闻理想"的人。但整个台里，也就数他混得最"惨"。他已经在台里工作了十几年，和他工龄相仿的早就在帝都买房买车了，他却一直住筒子楼、挤公交。

这位上司非常"执着"。因为行业的特殊性，许多时候，有的选题，谁都知道无法通过，他依然坚持提交。结果毫无意外地被刷下来，作废。但下一次，他照提不误。为此，台里的同事都取笑他"迂腐"。这一点，让M既崇敬又绝望。

当年学新闻，确实是自己的志向，但真正做了新闻，发现这是一个令人绝望的"江湖"，很多时候，都在做心理斗争——与正义，与道德，与内心，与体制。当然，最令M不堪忍受的，还是穷。

这是一个没落的行业，凭着夕阳的余晖苟延残喘的行业。眼看资深的同事接二连三出走，M心中的怅惘更是无以复加。

在电影《当幸福来敲门》中有个这样的桥段：克里斯在篮球场上问自己的儿子小克里斯托弗长大后想做什么，小克里斯托弗兴奋地表示自己以后想成为一名篮球运动员。而克里斯却说我认为你运动是挺棒的，但是投篮方面并不是很适合成为一名篮球运动员。小克里斯托弗沉默了一会儿后把球扔到一旁，说，知道了。

克里斯马上意识到了自己的错误，蹲下来认真地告诉小克里斯托弗："记住，永远不要让别人告诉你不能做什么，那个人是我也不可以。"

是的，就算克里斯刚开始说的是一句客观的评论，但却是在给小克里斯托弗下了一个"你不行"的定义。就像他的妻子认为他考不上那个唯一的股票经纪人名额一样，但他现在是全球十大伟大的白手起家的企业家之一。

即使是井底的那只蛙，它最后也跳出来了，不是吗？勇敢地前行吧，还有什么是实现不了的呢？永远不要给自己下定义，不要把自己的能力与天赋框在一个小小的围栏中。

何时何地，你都要明白，你是活给自己看的，别把别人的评价看得太重，凡事只要于心无愧，就不必计较太多。那些肤浅的赞美，是迷惑你的香气；那些非议与诅咒，是麻醉你的毒药，终会让你乱了心智。无论路途多艰险，都切勿被动地改变自己。唯有如此，你才可能与众不同。

记忆力是单薄的，而生命又极其短暂，一切来得那么匆促，我们来不及看一看事件之间有什么因果关系，揣度不到行动的后果。我们相信时间的虚构，相信现在、过去和将来。然而也可能所有的事情都是同时发生的。

不去拒绝生活带来的任何一种可能性

前几天跟一个小朋友聊天，她特别丧气地告诉我："每当年关的时候我都觉得自己失败透顶，年度计划没有一个按期完成的，白白过了一年。"

然后她慷慨又羞涩地发来了自己下一年的计划："姐姐你说，我连这么简单的计划都完不成，是不是没救了？你能不能让我看看你的计划都是怎么完成的呀？"

还没等我答应，就看到她发来一张整齐的表格：

第一条，今年考过计算机C语言。

第二条，12月份之前攒下3000块。

第三条，暑假去一家会计师事务所实习。

第四条，3月份去竞选学生会外联部部长。

第五条，六月份之前找个男朋友。后面附着认真整齐的每日记录、每周记录、每月记录和完成情况。

我一边默默汗颜地藏起自己写过的那个没有任何定期记录的年度计划，一边打岔问她："要不……你聊聊自己的计划为什么都没完成呗。"

小朋友发过来几个不好意思的表情，说："就是觉得，计算机考试好没意思，而且跟我的专业也不大挂钩，实用性也不强，还不如去考个BEC

呢，报个名加上培训班的费用又那么贵，所以钱也攒不成。暑假是跟表姐一起去青海支教，所以也没实习成。三月份的时候忙着考报关资格证，所以忙得连竞选的事儿都忘了。"

"至于男朋友……"她顿了顿，"我忽然觉得……自己好像不再那么需要有人陪着了，我一个人去上自习，一个人打工，一个人去图书馆，虽然有点孤单，可是居然感觉还挺好的。"

"连男朋友都不想找了，过得这么充实还觉得自己失败？"我开始觉得她是在手机那头带着不怀好意的狞笑反讽老人家。

"可是我没有变成我想要成为的自己，"她发来一张难过的脸，"为这个我已经闷闷不乐好几天了。"

我并没有变成我想要成为的自己。听上去多可悲的一句话，像是我们从来不能掌控的人生。

我看着从未完成过的年度计划对自己说：明年明年。

大二的时候，我想要做人见人怕的学霸，每年把最高等奖学金砸到那个笑我"学习有什么用"的舍友头上，可是因为搞乐队和玩辩论这些"不务正业"的事情耽搁了太多时间，以至于每年那点微薄的奖学金只敢偷偷地自己收好。

大四的时候，我想要学做菜，却被一个非政府组织的慈善项目吸引去应聘了实习生，整日穿梭于一场又一场的会议，没完没了地出差和昏天黑地地翻译文件。

工作第一年的时候，我想一定要有一次说走就走的旅行去西藏，刚订好了机票就接到公司派下来的新项目，只有默默地又很无奈地退掉了机票，退票的钱和我原本完美又小资的计划死在一起。

2015年的时候，我想要考日语，想要啃好多好多艰涩难懂高大上的巨著，结果日语考试却因为要出书改稿子占用太多时间而不了了之。而那些被我兴冲冲一口气买回来放在书架上几乎落满一层灰的巨著，被翻开的次数还没有我看美剧的次数多。

我并没有变成我想要成为的自己，以前不会，以后应该也不会了。

可是从未觉得，我因此不能成为比之前的我更好的人。

那些至今依然留在心里的旋律与歌词，那些一想起来就会开心的排练，那些为了寻找论据或囫囵吞枣或一丝不苟读完的《经济学人》《南方周末》和《社会契约论》，比我背过的任何一篇课文都要记忆清晰，那些在电脑前熬夜查资料的日日夜夜练的凭借一点蛛丝马迹就能串联起的关键词和五种以上翻墙爬院上外网的方法。

我依然需要靠外卖维生而不会做饭，也最终没能去一趟西藏。可实习那段时间大概是我此生英语水平最高的一段时期，无论多复杂的长句和多快的语速，几乎都可以不用反应脱口而出。在新项目中认识的同事也成了我在公司最好的朋友，我们一起重读金庸，一起重读《红楼梦》，然后唇枪舌剑地争执讨论，远比我孤零零地去一个陌生的地方只为"看一看"更加有趣得多。

没有报名日语考试，没有读完任何一本我以为可以看懂的《浮士德》《管锥编》《围炉夜话》，等等，但却在《夏目友人帐》中看到了一种温柔的强韧，在《摩登家庭》里学到了一种从未见过的沟通方式，甚至在许多看似"碎片"的知乎答案和公号推文中，想清了自己20多年都未曾理解的东西。

我喜欢那个能够按时按计划按想象去成为的我，也喜欢现在的这个自己。

生活本来就是个最具变量的东西，没有任何人可以确定自己的明天，明天你所想要的会不会跟今天一样，现在你视若珍宝的，是否转眼就会弃如敝屣。可是换取的，永远跟失去的一样多。而那些不曾预料的获得，比胸有成竹要更令人喜出望外。

所以可以放心地不再用具体的条条框框来限制自己，在偶尔颓废到不想翻书不想写字不想上班的时候也不会紧张地怀疑自己是不是得了抑郁症，在沉迷于一部好的剧集之时不再自责，觉得荒废了时间，在失败的时候不会灰心到去质疑努力的意义，在小有所成的时候也用不着刻意去维持什么低调谦虚。

因为我知道我终将变成更好的人，我放弃了某一项计划，并不代表放弃了成长。

或许这条路跟我最初预想的并不一样，但有什么关系呢，不过是殊途同归而已。

　　不去拒绝生活带来的任何一种可能性，才是对待生活最好的方式。

　　那些因为交换而获得的许许多多，并不是可以被具体量化进字里行间的一二三四，而是明明说不清道不明难与人言，却随时随地都能感受到的隐秘的存在，和它带来的改变和成长。

　　或许有一天，你回头看时甚至还会感到庆幸，庆幸没有成为最初计划好的那样，而是成为一个意想不到的自己。

　　我喜欢旅行。不是为了逃避，不是为了艳遇，不是为了放松心情，更不是为了炫耀，而是为了洗一洗身体和灵魂，给自己换一种眼光，甚至是一种生活方式，给生命增加一种可能性的枝杈。记得有人说过：旅行最大的好处，不是能见到多少人，见过多美的风景，而是走着走着，在一个际遇下，突然重新认识了自己。

有些事情你一天不做，你就多生活在自己不想要的环境中一天。而且不想要的今天会导致更不想要的明天，更不想要的明天会导致十分不想要的后天。生命很长，何时上路都来得及，重要的是，为渴望奔跑，无比轻盈。

不想要的今天会导致更不想要的明天

22岁的S姑娘，在小城市有着一份不错的工作，却为婚嫁之事所烦恼，不出众的外貌和略有些汉子的性格让她的桃花迟迟不开。她打算出国或者到大城市工作，但迟迟无法下定决心，一方面由于现在的工作单位是高薪国企，一方面由于惧怕出国的复杂流程和大城市的激烈竞争，就这么纠结了6年。到了28岁，由于社交圈子的狭隘，她还是那个长相平凡心思粗放的她，只是成了剩女。工作上由于性别和单位性质的限制，虽然已经十分刻苦，但仍然是普通职员。她的高学历和单身身份让她在小城市备受瞩目，于是她狠下心来，跳槽到了上海。

新公司给了她一个职位，还提供了一个有院子的宿舍，工资也比以前高了好几千，攒攒钱，再加上以前的投资收入就可以付首付。工作对于出色的她来说并不算有难度，多年积攒的经验让她如鱼得水，她开始收获以前很少得到的肯定。刚换工作，再加上加班比较多，她并没有很多时间去认识别人，但是随处可见的书店、公司旁边的健身房和类型多样的休闲活动已经让她开始关注时尚、新事物和自己。公司的大龄姑娘有好几个，她也不再觉得孤单，不再觉得自己是异类。

有一次她代表公司去交涉业务，对方公司的小伙子见她做事认真待人诚恳，要了她的电话号码，后来开始约她吃饭。她压抑了许久的心情慢慢变好起来，开始想如果6年前过来就好了。其实仔细想一下就知道她的条件更适合看重能力的地方，而且她也很喜欢丰富的精神生活，这里还有很多比她优秀得多的单身男士，她甚至开始准备出国，只是那虚掷的6年时光再也回不来了。她也许依然不可以组建一个家庭，但绝对谋得了一份好职位，开始快速地成长。有些事情你不做，你想要的生活就得不到。

25岁的K姑娘，奔波在相亲之路上。她最近的一个相亲对象觉得她别的都很好，就是有点胖。其实她不算胖，125斤，只是略微丰满，但在这以瘦为美的年代成了靶子，即使她面若桃花，也不能抵消掉这多余的25斤。

K从来没瘦过，所以她从不认为是体重的问题，她责怪这个世界太过看重外貌，责怪男生们太过势利，相亲时去那么差的餐厅，责怪自己命运不好，但是依然难逃相亲时对方的冰冷，和相亲后对方的销声匿迹。世界没有为她改变，她却在一次次失望中开始丧失自信。她变得更胖，也不如以前那么活泼开朗了，甚至有些自闭。

她不明白自己为什么到了25岁，还没经历过一次像模像样的爱情，都是隐形女友、异地恋，甚至有一次差点成了小三。直到这一次相亲对象直言你有点胖哦，她看着对面长得歪歪扭扭、说起话来口无遮拦、付起钱来磨磨蹭蹭的陌生男子，突然流下眼泪。然后她开始减肥，手法很激烈但也很有效果，就是纯饿，三个月后她已经是95斤的长腿美少女。

身材高挑的她穿上高跟鞋和短裤走在街上，再加上本来就很好看的五官，大部分男生都是要多看两眼的。各式各样的朋友开始主动找她吃饭和聊天，大家发现原来她是这么美好的女孩子。她的乐观开朗，她满院子的花花草草和一手好厨艺，她的善良温柔和优美的文笔，都在她的瘦削和凹凸有致的身材下熠熠生辉起来。

看着办公桌上一大束昂贵的玫瑰时，她觉得以前的日子恍若隔世，她不知道为什么自己花了那么久的时间去过一段那么可怕的生活。

17岁的时候不减肥你没有初恋，25岁不减肥你依然没有初恋。爱情和工作一样都是谈条件的，只是条件不一样，有些事情你不做，你想要的生活就得不到。

　　30岁的Q姑娘，奔波在尘土飞扬的生活和父母、弟弟严重的情感勒索中。她自己住在地下室的角落里，穿着5年前的衣服，头发干燥枯黄，一脸的沉重和苦涩，时常在半夜里哭，不知道未来在哪里。如果有电话响，肯定是母亲打过来诉苦和向她要钱，她所有的积蓄都拿给弟弟买房子了，现在小侄子出生了，各种费用依然是她负责。偶尔不答应，想起母亲苍老的模样和多病的身体，又心生难过。

　　她是不聪明但用功的女生，所以在工作上常常遇到不如意的事情，也没有时间谈恋爱，对于示好的男生又不懂如何回应，这些生活和情感的压力常常让她喘不过气，再加上一家人的期待加在她身上的负担，她真有种生不如死的感觉，但还在努力地撑着。直到有一天，弟弟又打电话过来要钱，而她刚刚为了省卧铺钱坐了两天一夜的硬座，她突然觉得悲哀又愤怒，因为弟弟要钱不过是不肯安装2M的宽带，而一定要装4M的宽带。

　　她决定结束这一切了，她打电话给母亲，说出这么多年的辛苦，说以后可能要为自己考虑了，母亲惊讶且愤怒，指责她是白眼狼，并把电话挂了。弟弟又打电话过来，质问她为什么这么做，把母亲都气病了，并对她进行了批评。她想了想，飞回去看了家人，悉心照顾母亲，但还是坚定且温和地坚持着自己的主意。过了几天，母亲突然哭出来，说：这些年也多亏了她，现在她是该考虑自己了。她温柔地抱着母亲，说并不是责备他们。

　　回来之后，她就轻松淡定了许多，拿出攒了许多年的公积金付了首付，商贷买了房，甚至任性地透支了点信用卡，为自己买了部高端手机、几件漂亮的大衣，做了一个新发型。她还为母亲买了一件羊毛的大衣，告诉她弟弟长大了，要相信他自己生活的能力。出乎意料的是弟弟竟然是支持她的，说他会好好照顾母亲。她和母亲、弟弟的关系甚至比以前更好了，因为学会了沟通，而且她发现母亲和弟弟也是十分希望自己幸福的，只是观念和表达方式有问题。

　　就这样，她开始一点点缓过来，由于注意自己的身体，每天开始好好吃饭，她的脸色甚至有了白里透红的感觉。第一次，她觉得活着这么美好，而不是只有面对考试的恐惧和面对期望的压力。有些事情你不做，即使是30岁，你想要的生活也依然得不到。

以上这些姑娘有些庆幸，她们终于知道自己真正想要的是什么，而且得到了自己想要的生活。生活于她们刚刚开始，虽然走了很长一段弯路，却像在夜路中行走，收获了满天闪亮的星星，磨炼了心性。她们还是有些遗憾，这么简单的道理以前为什么不知道，非要用时间和教训才能换取，在踟蹰和懵懂中，许多美好与她们擦肩而过，如果以后有女儿，一定早早告诉她们。

有些事情你不做，你想要的生活就永远得不到。

还在想要那份看起来很不错的工作，既可以周游列国，又可以轻松高薪，可是你的学历好像不够，为什么不去把学历变得更高？不过是三四年的时间。否则你10年之后依然守着这份侵占你所有时间却给你只够生活的薪水的工作。

还在暗恋着那个看起来帅帅的、做事得体的男孩子，你看看自己，灰头土脸，笨拙粗鲁，但是对那些同样不修边幅的和你差不多的男孩子又爱不起来。为什么不去过精致的生活？美好的身材可以靠饮食节制和勤于锻炼获得，气质可以靠智慧慈悲的内心和优雅的举止获得，面容可以靠合适的发型和光洁的肌肤进行修饰，即使你仍然得不到那个男孩子的青睐，但是为什么不试一试？否则吃着零食看韩剧的你10年之后依然如此，生活在虚无的幻想和惨淡的现实中，或者嫁给一个自己看不上的男孩子，过着怨气冲天的生活。

还在羡慕那个会四国语言总是可以轻松交到朋友的姑娘？还在为自己那些被深深埋没的小天赋不甘心？

生活不仅仅有静止和重复。我们已经来到这样一个时代，只要你的渴望合理，你付出努力，世界会找到方法帮你实现。我们已经来到这样一个时代，每个人都在追求生活的品质，我们期盼和自己喜欢的所有东西在一起，而不是仅仅活着。嫁给自己喜欢的人，做着自己喜欢的事情，有着自己想要的亲密关系，向自己喜欢的方向前进，对于我们，都是像呼吸一样重要的事情。

有些事情你一天不做，你就多一天生活在自己不想要的环境中。而且不想要的今天会导致更不想要的明天，更不想要的明天会导致十分不想要的后天。既然时代给了我们选择的权利，教会了我们知识，向我们指明了到达想要的人生的道路，那么我们为什么不及早踏上追求的路？

生命很长，何时上路都来得及，重要的是，为渴望奔跑，无比轻盈。你看，一天比一天更光彩照人的高圆圆、周迅、刘若英、大S都穿上了洁白的婚纱，嫁给了自己想嫁的人。

你看，奥普拉有了自己的电视节目，蒋方舟、安意如、安妮宝贝靠不停地写作得到了很多的关注和金钱。你如果去读读她们的传记，就知道坚持也是需要勇气的。

你看《破产姐妹》里的Caroline和Max开了自己五彩缤纷的Cupcake店，而且在全世界掀起了蛋糕热。你看维多利亚多年保持0号身材，为英俊的贝克汉姆生了一堆孩子，生活在镁光灯下20年，就像每个小女孩的梦想，可她曾经也是一个胖姑娘。你看你的妈妈都开始跳起了广场舞，出去旅行，买一双有点贵的鞋子，或者不再逼你嫁人。你是不是更应该勇敢一点？

不要瞧不起你手头上所做的每一件琐碎小事，把它们干漂亮了，才能成就将来的大事。不要去焦虑太远的明天，因为焦虑并不能解决任何问题，只会令现状变得更糟糕。虽说是谁的青春不迷茫，但你迷茫的原因往往只有一个，那就是在本该拼命去努力的年纪，想得太多，做得太少。

生活有了仪式感，人生才变得丰富多彩、趣味盎然，其实我们每个人都有能力把枯燥乏味的岁月，过成一首动听的交响乐。

给你的人生多一些仪式感

昨晚在电梯里碰到邻居萍姐，她看到我手里拿着一把香水百合。

"又买鲜花了？能养几天？"

"差不多一周吧。"

"花这钱还不如买水果吃。"

我笑了笑，没有再说什么，刚好电梯也到了，各回各家。

很喜欢花，每周会买不同品种的鲜花插在家里。

清晨醒来，睁开双眼，花开正浓，色彩缤纷，能给我带来一天的好心情；工作累了，晚上回到家里，嗅着满屋子的清香，一天的疲惫一扫而光。

花上几十块钱，换得身心愉悦，何乐而不为？

买花，代表着热爱生活，我觉得这也是一种仪式感。

每天下班回到家都八点了，两个孩子，家里一片狼藉，吃了饭收拾一下就九点了，下去散散步，回来冲个凉，哄孩子睡觉。

这就是我的日常。生活本身是枯燥的，再不给它加点灵动的旋律，真的会很无趣。于是我经常自娱自乐，买点鲜花，偶尔独自在月下喝杯红酒来调节一下。

这在有些人看来，很不以为然，甚至认为这是种矫情的行为。

遇到这样的人，不要和她们争辩，价值观不同，说了也是没用。

其实她们并不缺那点钱，只是于她们而言，凡事都讲究性价比和实用性，不做"无用"的事。

村上春树说：仪式是一件很重要的事情。

到底有多重要呢？我们一起来看看吧。

上个礼拜看了法国作家兼飞行员安东尼·德·圣·埃克苏佩里的《小王子》，这本书通俗易懂，同时蕴含着很多值得我们思考的哲理。

里面有段关于仪式感的对白。

狐狸说："你每天最好在相同的时间来。比如说，你下午四点钟来，那么从三点钟起，我就开始感到幸福。时间越临近，我就越感到幸福。到了四点钟的时候，我就会坐立不安；我就会发现幸福的代价。但是，如果你随便什么时候来，我就不知道在什么时候该准备好我的心情……应当有一定的仪式。"

"仪式是什么？"小王子问道。

"这也是经常被遗忘的事情，"狐狸说，"它就是使某一天与其他日子不同，使某一时刻与其他时刻不同。"

没有仪式感的生活，太可怕了。一年365天，除了吃喝拉撒，毫无期待，生活重复而单调，将多么黯淡无光。

因为从事出口贸易，接触世界各地的人，发现外国人更注重仪式感。

我的客户中，很多是穆斯林，到店里来，第一件事不是订货，而是整理好仪表，或跪着或盘坐在礼拜垫上虔诚地祈祷，口中念念有词。也不知道他们到底在说些什么，少则三五分钟，多则半个钟头。

这些行为，在很多没有信仰的人看来，觉得毫无意义，甚至嗤之以鼻："天天祈祷，就会被真主保佑？"

有一次，我特地问他们关于做礼拜这事。答案与我们的猜测完全相反。

很多人喜欢烧香拜佛，为什么？无非祈求菩萨保佑，升官发财，或是求子、求平安。

而他们祈祷是为了感恩真主赐予阳光、空气、水和食物。

意不在索取，重在回馈报恩。

做礼拜于他们而言，就是一种仪式感，生活中不可或缺的一部分。

通过礼拜，他们获得极大的精神享受。

客户们每次过来订货，时间都很匆忙，但在回国之前，他们必然忙里偷闲跑去北京路商业街为家人准备回家的见面礼，回回如此。

而我们大多数人为什么反感仪式感呢？可能是因为我们不喜欢被拘束，洒脱不羁、无拘无束更舒服。

采访了一些已婚男同胞，问他们对仪式感这件事情怎么看。

"你们这些女人就是作，钱都给你们了，还想怎么样？用时下流行的一句话说就是'不作死就不会死'。"对方一脸的不屑。

言下之意，想要什么，自己去买不就是了？七夕，结婚纪念日，什么乱七八糟的节日，女人就是喜欢瞎折腾。

自己去买，意义能一样吗？

好在我们宽容大度。

女友蔚然说："我喜欢仪式感。但老公是个实在的人，不会浪漫。我也体谅他，不难过，每年的情人节，自己买红玫瑰插在家里，看着也挺好，赏心悦目的。"

好朋友布丁说："我每周一会在工作室自己插花，算仪式感吗？"

闺蜜蓉儿说："我不知道什么是仪式感，我热爱生活，每天活在'惊喜'里。"

其实这些都是仪式感。

我想起我的小表妹，长期一个人住，每天下班以后就往菜市场跑，一个人吃饭，也会整三四个菜，荤荤素素，红肥绿瘦，一应俱全。

不到20岁的她活得像个公主，常常骄傲地跟我们说，生活怎么可以将就？即使一个人，也要精致地过日子。

我很欣赏这样一些人。

因为她们的仪式感让生活变得庄重而有意义，每天都是新鲜的。

仪式感都是在一些小事和细节上体现，不需要你花多少时间和多少金钱。只需要你有一颗热爱生活的心。

你觉得明天和今天并没有什么差别，几十年生活如一日，一生没有一丝波澜和变化，是因为你没有用心，仪式感需要人为地去制造。

说起来每个人的生活都差不多——工作学习，吃饭睡觉。但如果有了仪式感，平凡的生活就大不一样，日子过得有趣，在丰富感情的同时，也带来了激情，这些小浪漫会让人活力十足。

一个寻常的节日，一件小小的礼物。和枕边人，出门时道声再见，回家轻轻拥抱一下。男人们通常觉得无所谓。平淡的生活，这些小举动，很有必要。

这都是浪漫的仪式，在收获感动的同时，让淡然的心生出一点涟漪，给无味的日子增添一点佐料，幸福感也将提高一个层次。

生活有了仪式感，人生才变得丰富多彩、趣味盎然，其实我们每个人都有能力把枯燥乏味的岁月，过成一首动听的交响乐。

我不要过毫无仪式感的人生。你呢？

那么我们一起努力，花点心思，把生活过得更有仪式感、更精致一点吧。

没有别的，只是为了让庸常的日子变得灵动，让一成不变的生活有起伏的律动感，等回头看走过来的岁月时，有众多可供回忆的惊喜。

有仪式感的人生，才使我们切切实实有了存在感。不是为他人留下什么印象，而是自己的心在真切地感知生命，充满热忱地面对生活。

也许我会按照你所理解的那样生活，但我不是你，对生活我有自己的理解和选择。无论如何我们都得明白，也许我们拼命所追寻的终点，只是别人的起点；也许我们所认为的不合理的生活状态，正是别人生活的常态。我们不应该用一种价值观来反证另一种价值观的错误，我们只要互相尊重就可以了。

同样的两块石头，一块因为不能忍受精雕细琢的痛苦，结果做了庙门前的一块铺路石。另一块经受了精雕细琢的痛苦之后，成了庙里尊贵的佛像。不能忍受一时苦痛的，每天都要忍受被千百人踩踏的痛苦；忍受了一时痛苦的，每天都在享受千百人的虔诚叩拜。这就是差别！

你若勇敢，世界便云淡风轻

2016年12月24日，2017年研究生考试第一天。不管怎样，小女儿总算进了考场了！心里一块巨石，总算落地了！

就在昨天晚上，天已经黑了，再过十几个小时就要进考场了，小女儿还在打退堂鼓。明显的考前焦虑症，做什么都不会，背什么都记不住。可是，在向我哭诉了一阵之后，小女儿依然坚持去自习，一直到晚上十点多才从自习室回来。

一年来，小女儿去上自习，连手机都不带。在我们蹲马桶都离不开手机的时候，她能做到这样，要有多大的决心和毅力呢？

我不知道，一个人要有多努力，才能让自己不失望；我也不知道，一个人要有多大的勇气，才能经得起这样心理的起伏和煎熬！但我相信，一个人所有的努力和付出，没有一点会白白浪费！

下午，我一个人坐在淡淡的阳光下，想着小女儿一会儿又进考场了，心里七上八下的，怎么都坐不住。不想看书，不想看电视，不想听音乐，也不想出门。只想默默地，给小女儿传递哪怕一点点的心理支持。于是，我开始静坐，向我知道的所有的神灵祈祷。很快我便释然了，上天从来都不会辜负任何一个勤奋刻苦的人，何况我已经这么出色的小女儿？

我勤奋刻苦的小女儿，这一年被折磨得几近疯狂，昨天晚上还在不停地读英语、背政治。状态好的时候，她如饥似渴，状态不好的时候，她也怀疑自己，也打退堂鼓，也歇斯底里地发疯。但每次都是发泄一下，又赶紧去自习。

有时候我也想，为什么我的小女儿活得这么累，人家没考上大学的孩子，不一样活得好好的吗？可是我小女儿不甘心，她拼命地要求上进，拼命地喜欢北京对外经贸大学！

一个人这么努力，到底为了什么？是为了父母，还是为了自己？是为了换取成功，还是为了超越过去？是为了改变命运，还是为了挑战生命？

我问过小女儿，她说都是，又都不完全是。有时候这么努力，就是因为不甘心！不甘心过波澜不惊的一生。她说有时候觉得人生就是爬山，当你达到一个高度的时候，你总想试一试，看看自己还能不能攀上更高的高度！

那天和朋友一起吃饭，他3个儿子都没上大学，都已经成家立业了。而且他的大儿子，不但自己在济南买了房子买了车，还把他最小的弟弟也带到济南去了。

儿子没上过大学，我这朋友又没有万贯家财，他儿子凭什么在济南买房买车呢？他说，当初他儿子没什么本事，也只能去打工。在南方一个工厂做电焊工，遇到一个女电焊师。那女电焊师特别牛，她闭着眼睛焊接的东西，你都摸不出哪儿是焊口。

他儿子不服气，她一个女人家能做到的事情，我肯定也能做得到！于是，为了让女电焊师收他做徒弟，只要那个女电焊师来上班，他儿子就不离她左右。终于，经不起软磨硬泡，那个女电焊师收他儿子做了徒弟。

然后，那女电焊师说：电焊是有技巧，但最好的技巧就是永远不讨巧！练得多了技术就好了，就这么简单！从此，他儿子就开始了自己的疯狂训练。电焊工地上，你只要肯干，就有干不完的活儿。为了拥有一流的电焊技术，他儿子几乎拼命了！

别人吃饭的时候，他在焊接；别人睡觉的时候，他在焊接；别人打牌玩手机的时候，他还在焊接！大家都说他傻，做再多老板也不多给钱，何苦呢？可他儿子说：我是在拿老板的东西练本事、练技巧！只要老板不反对，我就不停地焊！

结果，他不仅拥有了一流的焊接技术，还因此赢得了老板的信任，一下子就从一个普通工人成为分厂的厂长，从而也赢得了一流的人生！

"画不要急于求成，也不要急于成名成家。人一生的精力是有限的，能集中精力在某一点上有所建树，也就不枉此生了。"这是喻继高先生说给他的学生袁传慈的。其实，这句话值得每一个有追求有梦想的人深思。因为无论做什么，急于求成和投机取巧都是成功路上的大忌。

去年，一个朋友的儿子高考，考了420多分。他想上大学，却又不满意自己报考的那些学校。在犹豫不决的时候，他给我打电话。我就问他，你上大学是为了什么？是为了尽快把大学上完，还是为了更好地提升自己？

他当时很迷茫，我就告诉他，如果你只为上大学而上大学，随便读个学校就行。但这样做的结果就是：三四年之后，你可能连一份像样的工作也没有。如果你想好好提升自己，那么就去复读！因为这个时候，你将就一会子就等于将就了一辈子！

他犹豫再三，还是决定去复读。

当你拥有了真正的实力，你就拥有了面对一切的勇气，你不用仰人鼻息、看人脸色，也不用畏首畏尾、小心翼翼。

北京的房价高，济南的房价高，而且还一直在涨价，但是，依然有人买得起。有实力当然不怕房价高，也不怕物价高；有实力当然不用担心娶不到老婆，不用担心孩子上不起学，也不用担心自己老无所依。

就像一篇文章上说的那样：考研也并没有那么神奇，一场考试也不会立竿见影地改变你的人生。即使考上研究生，你也不见得会比你本科毕业就工作的同学混得好。与结果相比，请更好地享受过程，迷茫，痛苦，无所适从，奋起直追！而且，考研远不止两天12小时的考试，更多的是一种成长。谁都无法拒绝长大，与硕士学位相比，考研过程中你学到的东西，才会真正使你受益终生。

其实我觉得，考研的过程，就是一个心理蜕变的过程。经历了这样的过程，你就拥有了面对一切的勇气。经历了这样的过程，你的世界，从此就云淡风轻！

又想起一则小寓言：同样的两块石头，一块因为不能忍受精雕细琢的痛苦，结果做了庙门前的一块铺路石。另一块经受了精雕细琢的痛苦之后，成了庙里尊贵的佛像。不能忍受一时苦痛的，每天都都要忍受被千百人踩踏的痛苦；忍受了一时痛苦的，每天在享受千百人的虔诚叩拜。这就是差别！

上天不会辜负任何一个勤奋刻苦的人！世界上最近的路，就是脚踏实地、全力以赴，一直向着自己目标奋进的路！

当一个人忽略你时，不要伤心，每个人都有自己的生活，谁都不可能一直陪你。不要对一个人太好，其实你明明知道，最卑贱不过感情，最凉不过人心。是你的，就是你的。有的东西就像手中沙，越是紧握，就会流失得越快。努力了，珍惜了，问心无愧。其他的，交给命运。

鸟儿的安全感，不是因为它有枝可栖，而是它知道就算树枝断裂它还可以飞翔。人也一样，或许你有很好的家境，有朋友依赖，有金钱支撑，但这都不是你的安全感，这是你的幸运。唯有自己内心的沉稳，身怀的本事才能够支撑你的整个人生。

努力到拥有足够的资本支撑你的一生

众人皆知，我和我老大素来"不和"。这种不和更多的不是关系上的，而是思想上的。当初刚进公司的时候我就发现，我与他对运营的理解就有偏差，理念也不一致。

我思想更激进，更前卫；他则有些保守，不太敢突破。因为我接触新媒体比较早，喜欢玩病毒营销，想靠用户主动分享去传播，然后再从大量用户中培养相关受众；他则更倾向于从目标受众做起，一点一点慢慢积累，一点一点稳步扩大。

当然我能理解他，因为传统的教育行业转型很慢，并没有用互联网的思维去思考问题，他稳扎稳打一步步走来，做得也很不错。很多时候他可以用经历来压人，我却无话可说。

而在他眼里，我可能也是冒失的、癫狂的，这我也清楚。于是，我俩在会议室里吵架是常有的事，因为意见相左，或者态度不对。

争执有时是好事，说明彼此重视。可时间久了，的确心烦意乱，没有心情做事。时间久了，我自然表现得有些消极。

不久，就被老大发现，于是又被拉出来单练。

"最近怎么不跟我吵了？"他瞄了我一眼，试探性地随口一说。

"吵有什么用？吵了也不被重视。"我顺着话茬，想要借气撒气。

"没用就不吵了么，你的价值呢？"他反问。

"如果是你呢？你的意见不被采纳，你怎么做？"他反问，我也反问。

"我会继续坚持。因为我必须在团队里体现价值。"他这么说，其实我早有预见，促进员工积极向上嘛，谁不会？我心里暗自不服。

"别以为我看不出来你的反感。我又不是没在你这职位上待过。"还没等我的逆反心理酝酿彻底，他就当头一棒："我跟你一样，上头也有人盯着，我的绩效跟你差不多。我的策略其实常常也是上头的策略，我有时也想尝试一下你的想法，但上头决策说不冒这个风险，我有什么办法？"

他看了看我，突然语气又平和下来："你以为咱这个钱是这么轻松挣的吗？我们都不是决策者，所以实话告诉你，你挣的这些钱里，公司买的不单单是你的能力，还有你的忍气吞声。"

我憋了一肚子的火想要发泄，心想你要再跟我吵，我直接不干了。没想到老大直截了当的两句话，让我立马熄火，无力反驳。

嗯，嗯，我频频点头。我知道有些话是在安抚民心，不能全信，但他说的这些，的确是亲身感悟，戳人肺腑。

原来我们都是一枚棋子，不是那下棋的人，更不是观棋的人。

许多道理我们可能平时也懂，但这种"懂"只停留在认知的层面，尚未通透。

这两天我不断思考这句话，越想越觉得他这句话说得太对了。我以往自信满满，觉得公司选我，无非是看重个人能力，想要通过我的能力为他们获利，所以我才敢吵架，敢任性：是啊，我牛逼你能把我怎么样呢？

可单凭我一人，真的有力挽狂澜的本领吗？没有，除非我是决策者。那么企业找我来做什么？做事，而且按照企业想要的方式去做事。

企业是靠流水作业生存的，越大的企业越是，每个人更像是一枚小小的螺丝钉。所以在他们看来，只要你保证运转正常，不怠工，不生锈，也就够了。

而能力嘛，呵呵，匹配即可。溢出来的部分，更多的是为你自身增姿添色，体现你的个人价值，对于公司的整体运转，波动不大。

我曾待过的某家公司，整个营销团队内乱，30多人的团队基本上只剩三五人做事。

当初商量好一齐跳槽的人，都以为集体的负能量至少可以撼动集团。可到头来呢，不出一个礼拜，公司又引进一个新的团队，虽然整个月的业绩受到了影响，但整个季度的利润却丝毫没变。

后面才知道，早在这次"内乱"之前，人力部门就已经准备"换血"了。

当然我不是说你能力不行，只是你个人的能力的确有太多的局限性。最常见的情况，是我们太容易高估自己的能力，而忽略其他。这种过于自我的优越感一旦形成，便容易偏激，容易傲慢，最终误了自己的前程。

能力是基础，但相比于能力，很多公司更看重的是员工的执行力。这一点，小公司不明显，越大的公司越是看重。

而说到执行，这里面必然夹杂了太多的不情愿。包括工作量报表，包括任务分配不均，包括生活、情感因素，包括老板的做事方式与态度，也包括上文所提到的你的意见与上级领导的相左，等等。你所承受的苦与累、劳与怨、仇与恨，都应该算你工资的一部分。这部分薪水，就是要你去克服你的负面情绪，说白了，就是花钱买你的心情。

这很现实。上周我去见某出版公司的编辑，她也做了一些知名的畅销书，但让她头疼的却是，她目前所在的出版公司，只对重量级的作者费心思宣传，却不会给未成名的作者太多资源，包括广告，包括营销，有些书即便加印了，也不可能因此获得更大力度的推广。

在她看来，不器重新人，便是她一直不能接受的事实。她一直认为，大红大紫的作者的书卖得好，并不能证明她自身的实力，把一个新作者做成红人，才算本事。

可如果你是决策者，也会认为那些知名作者无论在品牌还是利润方面，或许都会给公司带来足够的收益。

两者矛盾明显，各有苦衷。

但就目前的状况而言，她并不会走，原因很简单，接连跳槽于她发展不利。那么这份工资里，除了她的能力以外，一定还有许多的隐忍和不情愿。是啊，我们可以有骨气，但不必故意跟钱过不去。

好了，与你们说叨了一番，劝解的同时，也是希望自己可以多忍耐一些，多理解一些。至少我现在的能力，还没有达到说走就走、走后无悔的地步。

我脑后有一块反骨，生性不受约束，唯有寄托给岁月和见识，一点点去磨砺去安抚。其实教人妥协的我，是一个极其偏执任性的顽童。因为任性，我吃过太多的亏，我深知倔强害人之深，所以才不想让你们如我一般，不受人待见。

老总监的一句话我至今还记得：你这种人，生来骄傲，是别人眼中的刺，但你也有你的路，只不过一定要比别人更拼更卖命才行。

如今的隐忍，是为了将来游刃有余的改变。一个人只有努力成为更好的人，才有资格任性，才有理由放肆，才有资本去选择追求自己想要的一切。

一只站在树上的鸟儿，从不会害怕树枝断裂，它相信的不是树枝，而是自己的翅膀。一个敢做敢言的人，也不会轻易被环境左右，他相信的不是运气，而是自己的实力。

鸟儿的安全感，不是因为它有枝可栖，而是它知道就算树枝断裂它还可以飞翔。人也一样，或许你有很好的家境，有朋友依赖，有金钱支撑，但这都不是你的安全感，这是你的幸运。唯有自己内心的沉稳、身怀的本事才能够支撑你的整个人生。

在异乡打拼，觉得辛苦不易，忍受孤独寂寞，难过无人倾诉，下雨没人送伞，一个人走过四季，冷暖自知。可是，很多人和你一样。耐得住寂寞，才守得住繁华，该奋斗的年龄不要选择了安逸。当你度过一段自己都能被感动的日子后，请相信，你想要的岁月统统都会还给你。

人生的困境，有时是自己编织出来的蜘蛛网。人生的绝境，往往也都是你内心创造出来的假象。其实，生命里那些让你过不去的境遇，都是未来让你成长蜕变的养分。当你看清这个真相，你就会发现，原来老天从不会让你走投无路，相反的，只有你的恐惧和妄想，才会逼你走入绝境。

坦然面对未知的未来

大学刚毕业，我有幸进入一家不错的公司，在市中心的写字楼里喝着咖啡，和同事聊着创意，春风得意。3个月后，人事主管微笑着对我说："我很抱歉地告诉你，我觉得你并不适合这份工作，所以你看看什么时候来办辞职手续？"

生物钟在七点准时把我叫醒，我躺在床上突然想起自己失业了。这是我第一次遇到真正的挫折，万分惋惜和无奈，我茶饭不思，一度怀疑自己。

我决定重新找一份工作。招聘网上的公司很多，有的简历石沉大海，有的面试一塌糊涂，才发现前面的路那么窄。我在家闲了一个月。父母知道后打电话给我，让我回去考公务员，而我固执地回绝，和父母的关系也因此很僵。才知道，房租水电、吃穿住行都得花钱，而我已经毕业，再不好意思向父母要生活费。

后来，我爱的一个姑娘慷慨解囊，解了我燃眉之急。接着，我在郊区一家小公司谋了一份职。那时正值寒冬，每天起很早，挤一个小时的公交，拿着很低的薪水，努力工作，勉强在这个城市活下来。半年后，公司倒闭，我再次失业了。

我多么想留在这个城市，通过自己的努力让自己过得好一些。但是毕业一年了，我过得并不好。我的父母时刻为我担心，对我很失望。而我大学同班同学有的在电视台、电台已小有名气。

我在家又闲了一段时间。有时一个人走在大学的校园里，在图书馆前坐很久，想着曾经的日子早已远去，而未来仍是未知。

找到第三份工作已是毕业的第二年。我在一家新公司做活动策划，拿着保底的工资，把自己搞得体体面面，想把自己的创意卖给房地产开发公司。我在办公室门外等素未谋面的总监，自己初出茅庐，所在的公司又没有名气，有时候一等就是几个小时，好不容易碰上面，刚自我介绍完，别人就借故匆匆离开。

我厚着脸皮屡战屡败，屡败屡战，然而很不幸，我的公司又倒闭了。50多岁的老总带着我和一个哥们儿重新创业，公司搬到了郊区，我们都没有工资，三个人亲自做方案，在酒店大厅碰面，蹭空调，开着廉价的轿车跑业务，咬牙坚持着。终于，一家公司和我们签了130万的活动，我算了算，我有10万块的提成。苍天不负有心人。我们喜极而泣，觉得苦日子熬到了尽头。但是几天后，活动取消，一切都是空欢喜。

我在夏天结束的时候结束了这段生活，日子很艰难，母亲知道后给我打了2000块钱。我什么都没说，只觉得生活总爱和我开玩笑，从来没有正经过。我决定去卖盒饭。和一个朋友一拍即合，我们到一个新小区，租了房子，买了厨具，做了宣传单，去附近的写字楼挨个儿地发，买菜、做饭、骑电瓶车赶到写字楼，提着饭盒楼上楼下跑。卖不完的自己吃，吃不完的使劲儿吃。

大学同学的广告头像已经做到了公交车上，成了市里有名的主持人。大学老师听说我卖盒饭，惊讶无比。同寝室考上公务员的同学，结婚请客没有邀请我。交了房租，过年回家，自己身无分文。我母亲说，某家的儿子在县政府上班，某家的姑娘在检察院工作，而别人问起你，都不知道说什么。我无话可说，却莫名地伤感，我怀疑自己是不是真的走错了路。但我更固执，在家待了几天，有客人问我们什么时候开业，我又马不停蹄地赶回去买菜做饭。

在大学，我的高考成绩全班第一；在大学，我是吉他手，我们的乐队为知名乐队的巡演暖场；在大学，我开过咖啡馆，一直写字读书。可那已经过去了，我，毕业两年，未来还未到来。

一年后，我结束了卖盒饭的生活，经人介绍，到了一个不错的公司。卖过盒饭，其他的工作对于我来说都不叫累。机会难得，我加倍努力。我感谢以前的经历，我会做方案，会做销售，会节约成本，会控制时间，会和人打交道，会锲而不舍。每一件事我都尽十二分的努力做好，加薪、提拔，得到公司的重用。

公司越来越好，我的经济也开始好起来。我娶了我爱的姑娘，按揭买了房，给自己和媳妇添了好几样单品。我不再感到生存的压迫，自由地在这个城市呼吸。

我时常会想起以前。也许，每个人的道路都不同，有的会顺利一些，有的要坎坷一点。父母以及你自己都会给你压力，你会气馁，会怀疑自己的选择，你也努力了，但还是没有看到希望的光芒，请再坚持一下！

那些在你最艰难的时候，依旧不离不弃的人最值得你珍惜，你的爱人、父母和朋友。那些怀疑过你、贬低过你的人，请你也不用记在心上，人情世故，冷暖自知。

生活从来都不会一蹴而就，也没有永远的安稳，艰难坎坷总会接踵而来，在过去、现在以及未来。但是，请保持努力，请保持坦然。因为，那些艰难的日子，终究会离你而去。

人生不能靠心情活着，而要靠心态去生活。学会坦然，你就会在遭遇挫折时收获一分执着，在获得成功时保持一分本色；学会坦然，你就学会了勇于面对所有的痛苦，学会了珍惜所有的幸福；学会坦然，就是一种不屈。

有时候，努力一点，是为了让自己有资格，不去做不喜欢的事；为了能让自己，遇见一个喜欢的人时，不会因为自己不够好而没能留住对方；为了避免与朋友拉开差距，未来能看到同一个世界；为了看清自己最后能走到哪里。

未来就在你的脚下

高考季，各种奇葩新闻满天飞，从这些轰轰烈烈的新闻里，我看到的是两个字：恐惧。我从没有经历过这种恐惧，在离它一步之遥时，我逃开了。

起初，是物理课上和老师的一个小小龃龉，下课时我做出了重大决定：退学。这是1994年年初，我读高二。表面上看，我是负气离开，但我始终都明白，课堂上的这个小风波，不过是将长久的困惑推向紧要关头。

从进入高中起，我都不太清楚我坐在这里干什么，以我当时偏科的程度，不大可能考上像样的大学。接下来的情况可以推想；煎熬上一年半之后，拿到一个惨不忍睹的成绩，再靠家人想方设法，进入某个末流大学读个大专，出来再继续混惨白的人生。

明明有更有意思的事情可以去做嘛，阅读、写作、去乡间了解风土人情、打听家族往事的细枝末节。我当时已经发表了一些作品，早想好了要当个作家，为什么还要在这里随波逐流？

第二天，我没有去上学，背着书包去郊外溜达，去某大学的阅览室看书。记不得这样的日子过了多久，好像也没太久。当小城飘起了第一场雪，道路变得泥泞，我厌倦了那种东躲西藏的日子，心一横，对我爸说出了真相。

我爸的反应应该不太严重，否则我不会这么没印象。他劝了我一下，但我强调现在的情况，不宜再回学校。他思索了一下说："也好，你就在家里写作吧。老爸工资一个月500多元，还有稿费，还可以帮人打印材料挣点钱，再养活你20年也没有问题。"

但是，我爸又说："你还小，在家写作不现实，还是应该去学校学习。要是觉得中学课程没有意思，我们可以想办法去大学旁听。听说有些大学开设了作家班，我托人打听一下。"

我于是先去了看书的那所大学旁听，搬个桌子就进了历史系的教室。同学弄不清我什么来头，也不问，只是有次我说起害怕蠕虫，同桌那个男孩说，我以为这世上没有什么是你害怕的呢。我和他接触不多，我在他心中如此勇敢，大约与贸然出现有关。

如是过了大半年，有天我爸下班时，带回一个信封，里面是复旦大学作家班的招生函，我爸说："已经联系过了，可以入学，我们这两天就出发吧。"

我们是在第三天出的门，那是我一生里坐过的，不，站过的最拥挤的火车，甚至不能将整个脚掌着地。更要命的是，随时会有售货员推着小车穿行而过，两边的人压缩再压缩，有人就踩着椅子旁边某个可以搭脚的地方，悬空而立，售货员倒愤怒起来："那里怎么可以踩？你看你像只蝙蝠。"

天亮时我们下了火车，坐公交车来到复旦大学，很快办好了入学手续。我爸带我来到宿舍，帮我安置了一下，便匆匆离开，奶奶身体不好，他当晚就要赶回。

那晚，对着窗外的风，我哭了。一方面是对在火车上受罪的父亲的愧疚；另一方面，是对于像夜色一样深不可测的未来的恐惧。人生正式启动，我要赤手空拳打出天地，于穷途中开一条道路，我没有信心一定能做到。

寝室里住了6个女生，有学英语的，有学计算机的，还有两个作家班的同学，都是文化局和作协的在职人员。每个人都像蚂蚁，目标明确地忙着自己的事，我因此看上去非常奇怪，很少会有人真的将自己当作家来培养。

我去听作家班的课，也去听中文系其他班级的课。与小城那所高校不同，复旦大学老师开课非常自由，愿意讲《论语》就讲《论语》，愿意讲老庄就讲老庄，还有世纪初文学、魏晋文学等特别门类。想想看，我可以站在一长排的课程表前，按照自己的喜好，制订我的特色菜单，这是多么奢华的一件事。

但人毕竟是复杂的动物，在这种如鱼得水的学习之外，还有一件事，占用了我一半的精力，那就是恐惧。虽然我当时已经开始发表文章，但这些零零散散的小散文，不能让我看上去像个作家。

许多中午，下课归来，阳光还没有化开，混混沌沌地飘在前面的路上。旁边，一家店面包刚刚出炉，香气炸开，蓬勃地似有隐形的蘑菇云，这些统统让我茫然。我在思考那个终极问题：我，向何处去？心里瞬间就像被虫噬一样变得斑驳起来。

结束了两年的作家班学习，回到小城，这问题真切地逼到我眼前。我不是学成归来，没有锦衣可以堂皇地还乡，我只是多发了几篇文章，而这些，不足以让我在小城里找到一份像样的工作。

我曾多次写过那种惶恐，很多夜晚，我睡不着，直到听见鸡叫，是另外一种心惊，我觉得我像一个女鬼，在光天化日下无法存身。但同时仍然在写着，投向各个报纸杂志。上帝保佑，这些虽然不足以让我在小城找到工作，却让我来到省城，顺利地考入某家新创办的报纸，做了副刊编辑。

有段时间你会特别孤独，一个人上班，一个人下班，一个人吃饭，一个人睡觉，甚至跨年都是一个人在高速公路上。这时候，不需要找人倾诉，不需要找精神寄托，就一个人撑过去。很快我们都会学会沉淀自己，找到属于自己的生活方式，这是成长的一方面。我们都要去体会孤独，未来不见得更好，但我们会更从容。

一个人的命运完全掌握在自己的手中。你想成为一个什么样的人，想过什么样的生活，改变与不改变，什么时候改变，都完全取决于你自己。

未来有无数可能，你想要哪一种

陶子小姐曾是个学渣，她自嘲地对我说："诺诺，你知道我为什么成绩不好吗？因为我读幼儿园的第一天就逃课了，这注定我这一辈子都只能是个学渣。"

我对陶子小姐说："这哪儿跟哪儿呢，你别为自己的不努力找借口了。"

我和陶子小姐是闺蜜，在我的记忆里，陶子小姐读小学的时候就比较贪玩。当别的孩子上课认真听讲，放学回家认真完成作业，放假也会去上辅导班时，陶子小姐上课走神、看小说，放学回家偷偷看电视，一放假就疯玩。

很多年后的今天，陶子小姐咬牙切齿地对我说："我的孩子必须从小就养成学习的好习惯，别和我说要有个快乐的童年，我童年有多快乐，现在就有多痛苦。"

当然了，陶子小姐的话有点偏激，我认为该学习时认真学习，该玩时好好玩才是最好的。

陶子小姐还有严重的拖延症，明明今天就能办好的事情一定要拖到明天，所以她的办事效率一点儿也不高。陶子小姐还得了一种病，叫作懒癌，所以高考结束后，她只考上了一所很普通的大学。

那个时候，陶子小姐心想，可能她以后就这样了，碌碌无为地度过这一生。

陶子小姐读大学的时候，遇见了兔子小姐，并且和兔子小姐成了很好的朋友。兔子小姐高中的时候成绩很好，高考发挥失常才来到了这所普通大学。

让陶子小姐佩服的是，兔子小姐一进大学就知道要努力学习了，很多人嘲笑兔子小姐是个书呆子，都读大学了还不知道好好放松。

而"要努力学习"这个道理很多人是毕业后才懂得的。毕业后，很多人才懂得大学四年在人生路上有多宝贵。那四年，学到的东西可能会让你受益一生。

兔子小姐从大一开始就是图书馆的常客了，她认真看专业书，做工工整整的笔记，预习，复习，大二的时候以高分过了四六级，并且拿到了国家奖学金。

陶子小姐问兔子小姐每天学习累不累，兔子小姐说了这样一句话："一件事坚持21天，就会成为习惯，学习这件事我坚持了10多年，它早已融入了我的生活。"

陶子小姐也是听了兔子小姐说的那句"二流的大学也会有一流的学生"才突然醒悟的。

从那以后，陶子小姐每天都和兔子小姐六点钟准时起床，然后去跑步，边跑步边记单词，跑完步回寝室洗个澡又精神抖擞地去吃早餐，然后开始一天的学习。

比起以往在寝室睡觉看电视剧的碌碌无为的日子，陶子小姐有了一种前所未有的快乐。

以前，陶子小姐一直很迷茫，她不知道自己喜欢什么，要干什么。家里人对她的要求就是毕业后当个小学教师，很多人觉得陶子小姐能找到工作就算不错了，不会有太大的出息。

遇见兔子小姐后，陶子小姐有了新的目标，她要成为一个优秀的人，一个有出息的人。

从那以后，陶子小姐每天都很努力，虽然有人说努力不一定有用，但是你从来都不努力就永远别想成功。

后来，陶子小姐以优秀的成绩考入了"985"大学的研究生，研究生毕业后就找到了一个好工作。现在的陶子小姐用自己赚的钱买了一套房子，房子不大，却很温馨。

陶子小姐很少和别人说起她当初的改变。我知道那一定是漫长又艰难的一条路，好在，她终于过上了她想要的生活。

我曾经在书本上看到这样一个故事。

乔治·道森一直是一个默默无闻的人，直到90岁时，他才猛然意识到自己的这一生都虚度了，他觉得他应该在这个世界上留下点儿什么。于是他进了扫盲班，开始学识字，学文化知识。后来他爱上了写作，并孜孜不倦地朝着这个方向前进，终于在他102岁那年，完成了自己的处女作《索古德的一生》。

这本书刚刚上市，就引起了巨大的轰动，成为美国当时最畅销的书籍之一，乔治·道森也一下子从一个名不见经传的小人物，荣升为一个人们喜闻乐见的大作家。

从这个故事可以看出，一个人的命运完全掌握在自己的手中。你想成为一个什么样的人，想过什么样的生活，改变与不改变，什么时候改变，都完全取决于你自己。

所以，昨天怎么样不重要，从今天开始才是最重要的。

任何事都讲求一个过程，你永远都不知道未来自己能走到哪里，但能确定今天可以走多久。有时迷茫，有时低谷，有时彷徨，有时浮躁，其实你知道怎么做，有时候只是懒了一点而已。